AF532976

Berichte aus der Holz- und Forstwirtschaft

Marco Reetz

Motorsägenketten schärfen - wie die Profis

Ein Praxisbildband für den Motorsägenbesitzer

Shaker Verlag
Aachen 2008

Bibliografische Information der Deutschen Nationalbibliothek
Die Deutsche Nationalbibliothek verzeichnet diese Publikation in der Deutschen Nationalbibliografie; detaillierte bibliografische Daten sind im Internet über http://dnb.d-nb.de abrufbar.

Printed in Germany.

ISBN 978-3-8322-7678-2
ISSN 1615-1674

Shaker Verlag GmbH • Postfach 101818 • 52018 Aachen
Telefon: 02407 / 95 96 - 0 • Telefax: 02407 / 95 96 - 9
Internet: www.shaker.de • E-Mail: info@shaker.de

Vorwort

Heizen mit Holz ist wieder in Mode gekommen. In vielen Privathaushalten ist die energetische Nutzung von Holz, bedingt durch den steigenden Ölpreis, wieder opportun geworden. Nach wie vor erfreut sich das klassische Brennholz in Scheitform großer Beliebtheit. Allein im rheinland-pfälzischen Staatswald wurde im Jahr 2005 mehr als doppelt soviel Brennholz produziert wie im Jahr zuvor.

Dabei eröffnet sich für Brennholzselbstwerber und Privatwaldbesitzer häufig auch die Möglichkeit, die Kosten für das Heizmaterial selbst mitzubestimmen. Durch körperliche Arbeit und den Einsatz der eigenen Motorsäge bei der Aufarbeitung von eigenem oder gekauftem Holz lassen sich die Energiekosten maßgeblich reduzieren.

Sie fragen sich nun, was das alles mit dem Thema Motorsägenketten schärfen zu tun hat?

Nun, eine gut geschärfte Kette ist eine der grundlegenden Voraussetzungen für kostengünstiges, ergonomisches und sicheres Arbeiten mit der Motorsäge. Denn neben der Leistung der Motorsäge und der Arbeitstechnik des Motorsägenführers kommt dem Zustand der Schneidgarnitur (Kettenritzel, Führungsschiene und Sägekette) die wohl größte Bedeutung für eine sichere und effiziente Holzernte zu.

Dieses Buch soll dem gelegentlichen Nutzer der Motorsäge genauso wie dem semiprofessionellen Anwender praktische Ratschläge und wertvolle Tipps zur fachgerechten Instandsetzung der Schneidgarnitur liefern. Dabei arbeitet es mit Text- und Bildelementen, die sowohl die Theorie als auch die Praxis des Kettenschärfens synergetisch miteinander vereinen.

Als Autor möchte ich mit diesem Buch meine über 10-jährige Erfahrung als Kursleiter für Motorsägen- und Waldbauernkurse an die Leser weitergeben. Wohlwissend, dass ein Buch noch keine scharfe Kette macht. Aber mit ein wenig handwerklichem Geschick, der nötigen Übung und Ausstattung und vor allem mit diesem Buch werden Sie bald schärfen wie die Profis unter den Forstwirten!

Hinweis: Tragen Sie bei allen Arbeiten an der Schneidgarnitur geeignete Handschuhe! Ziehen Sie bei Probeläufen mit der Motorsäge immer die erforderliche Schutzausrüstung, bestehend aus Helm od. Gehörschutz mit Brille, Handschuhen, einer Schnittschutzhose und geeignetem Schuhwerk, an.

INHALTSVERZEICHNIS

Das Kettenrad (Ritzel)

Spricht man vom Kraftfluss an der Motorsäge, so ist damit die Übertragung des Motordrehmoments von der Kurbelwelle auf die Sägekette gemeint. Das Kettenrad oder Ritzel ist dabei die Schnittstelle zwischen Fliehkraftkupplung und Sägekette.

Und diese Schnittstelle unterliegt einer hohen mechanischen Belastung. So hat beispielsweise jeder der 7 Kettenradzähne *(Standardritzel und voller Kraftschluss vorausgesetzt!)* bei einer durchaus realistischen Motordrehzahl von 12.000 U/min umgerechnet 200 Kontakte mit einem Treibglied der Sägekette, pro Sekunde wohlgemerkt.

Der Motorsägenbesitzer steht also relativ häufig vor der Frage, ob das Kettenrad noch gut ist oder ob es ausgetauscht werden muss. Die nächste Frage wäre dann, ob es immer der gleiche Kettenradtyp sein muss oder ob es vielleicht günstigere Alternativen gibt. Immerhin empfehlen einige Hersteller, bei jeder neuen Kette auch das Kettenrad zu wechseln.

Das folgende Kapitel gibt Ihnen auf diese und andere Fragen zum Thema Kettenrad die passenden Antworten.

Kettenradtypen

Mit den Zahnflanken des Ritzels werden die in der Schwertnut laufenden Kettenglieder angetrieben. Dabei sind die Zahnflanken (s. Abb. 3) in ihrer Form den Kettengliedern so angepasst, dass eine möglichst große und damit verschleißarme Kontaktfläche entsteht.

Im Regelfall werden heute Ritzel mit sieben Zähnen verwendet, die je nach Drehzahl der Kurbelwelle die Kette auf 18 bis 21 m/sek. beschleunigen. Die dabei erreichte Kettengeschwindigkeit liegt dann bei ca. 70 km/h. Da dabei immer mehrere Zahnflanken mit der Sägekette Kontakt haben, ist es technische Voraussetzung, dass Ritzel und Sägenkette (und auch der Umlenkstern der Führungsschiene) die gleiche Teilung haben bzw. aufeinander abgestimmt sind.

Je nach Hersteller können zwei unterschiedliche Ritzeltypen zum Einsatz kommen. Das in Abbildung 1 gezeigte Sternritzel (auch Profilkettenrad) besteht aus hochwertigem Profilstahl und ist durch Hartlot mit der Kupplungstrommel zu einer Einheit verbunden. Leichte Kettenmontage und eine sehr gute Verschleißbeurteilung sind besonders positive Merkmale des Sternritzels.

Das in Abb. 2 dargestellte Ringkettenrad (auch Power-Mate Ritzel) besteht aus der Kupplungsglocke und einem auf die Nabe der Kupplungsglocke lose aufgesteckten Antriebsring. Dabei ermöglicht die mit einem Keilwellenprofil versehene Nabe den Kraftschluss beider Bauteile.

Bauartbedingt ergeben sich daraus mehrere Vorteile. Zum einen kann sich der Antriebsring durch die lose Verbindung der beiden Bauteile axial auf der Nabe hin- und herbewegen, wodurch er normalerweise eine ideale Position zur Schwertnut einnimmt. Daraus resultiert auch ein besonders ruhiger Lauf der Motorsägenkette.

Zum anderen liegen die Sägekettenglieder auf den Seitenflanken des Antriebsringes (Abb. 4) auf, wodurch sich eine größere Kontaktfläche ergibt. Somit reduziert sich der Verschleiß am Ritzel im laufenden Betrieb.

Da bei Erreichen der Verschleißgrenze nur der einzelne Ring ausgetauscht werden muss, ist dieses System letzen Endes für den Motorsägenbenutzer auch kostengünstiger.

Die namhaften Hersteller bieten im Regelfall für ihre Modelle beide Ritzelsysteme zum Austausch bzw. Nachkauf an. Da die Lebensdauer eines Ritzels je nach Beanspruchung und Kettenspannung zwischen zwei und vier abgenutzten Ketten liegt, hat der Motorsägenbesitzer also beim Neukauf die Qual der Wahl.

Profitipp: Wenn der Händler Ihrer Wahl ein Ringritzel im Angebot hat, ist dieses Ritzel für den Profi die erste Wahl!

Abb. 1

Abb. 2

Abb. 3

Abb. 4

Kontrolle & Verschleiß

Durch den Schneidewiderstand der Kette und dem immer wiederkehrenden Kontakt zwischen einem Ritzelzahn und einem Kettenglied kommt es auf Dauer auch zu Abnutzungserscheinungen am Ritzel. Von den meisten Herstellern wird daher empfohlen, 2 bis 3 Ketten immer abwechselnd zu montieren, damit diese gleichmäßig mit dem Ritzel abgenutzt werden. Sind die Ketten dann verbraucht, sollte auch ein neues Ritzel auf die Säge montiert werden.

Wird hingegen eine neue Kette auf ein altes, verbrauchtes Ritzel montiert, so kann es zu Beschädigungen an der neuen Kette kommen. Innerhalb kurzer Laufzeit werden dann die in der Schwertnut laufenden Kettenglieder (die sogenannten Treibglieder) stark verbeult. Daraus resultiert eine mangelnde Schmierung der Kette (nur intakte Treibglieder können das Kettenöl aufnehmen und an die Gelenkstellen der Kette verteilen) und in der Folge sind Kettenrisse nicht auszuschließen. Oftmals sind diese Schäden nach kurzer Laufzeit nicht mehr reparabel und letzten Endes muss ein neues Ritzel und eine neue Kette montiert werden.

Der häufigste Grund für einen übermäßigen Verschleiß des Ritzels ist eine zu lose gespannte Kette. Spannen Sie daher mehrmals täglich und bei Bedarf die Kette nach. Mehr Informationen zum Thema Kettenspannung finden Sie im Kapitel "Die Führungsschiene".

Betragen die Einlaufspuren beim Sternritzel an den Zahnspitzen sowie auch im Bereich der Zahnflanken 0,5 mm und mehr, so ist das Ritzel auszuwechseln.

Beim Ringkettenrad werden Sie den Verschleiß vornehmlich nur auf dem Umfang der Seitenflanken bzw. Laufflächen feststellen. Auch hier gilt die Verschleißgrenze 0,5 mm.

Messen Sie regelmäßig mit einer Schieblehre oder mit einer im Handel erhältlichen Lehre den Verschleiß und tauschen Sie konsequent bei Bedarf das Ritzel gegen ein neues aus. Weicht die Lebensdauer eines Ritzels wesentlich von der genannten Nutzungsdauer (2-4 verbrauchte Ketten) ab, kontrollieren Sie bitte häufiger die Kettenspannung. Bestehende Schäden an einer Kette oder einer Führungsschiene müssen in diesem Zusammenhang ebenfalls behoben werden, sonst übertragen diese sich auf das neue Ritzel. Ist dies nicht mehr möglich, so bleibt letzten Endes nur noch der Austausch aller Komponenten der Schneidgarnitur.

Abb. 5
Sternritzel mit Einlaufspuren von ca. 0,5 Millimeter Tiefe. Das Ritzel sollte jetzt ausgetauscht werden!

Abb. 6
Sternritzel mit erheblichen Schäden! Dieses Ritzel hinterließ irreparable Schäden an der verwendeten Kette. Vermeiden Sie unbedingt solche Schadensbilder durch häufige Kontrolle und rechtzeitigen Austausch!

Abb. 7
Ringritzel mit einem Verschleiß von leicht über 0,5 mm. Dieses Ritzel muss jetzt unbedingt ausgetauscht werden. Hier genügt der Austausch des einzelnen Ringes!

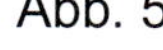

Abb. 5

Abb. 6

Abb. 7

Austausch & Montage

Der Austausch der abgenutzten Kettenräder ist denkbar einfach und kann in der eigenen Heimwerkstatt mit ein wenig handwerklichem Geschick auch selbst vorgenommen werden. Wie bereits erwähnt, haben Sie bei vielen Motorsägen der großen Hersteller die Möglichkeit, ein Ringritzel oder ein Sternritzel zu montieren.

Nutzen Sie die Säge sehr intensiv und verbrauchen mehrere Ketten im Jahr, so empfiehlt sich die Montage eines Ringkettenrades. Hier muss nicht jedes Mal die Kupplungsglocke mit gewechselt werden, was letzen Endes Kosten spart.

Arbeiten Sie nur einige Tage im Jahr und legen Wert auf einfach auszuführende Wartungsarbeiten, so ist für Sie die Anschaffung eines Sternritzels sicherlich sinnvoll. Die höheren Kosten interessieren Sie weniger, da Sie nicht viel mehr als zwei Ketten pro Jahr verbrauchen. Die Montage der Kette ist einfacher und Fehler sind nahezu ausgeschlossen.

Die auf der nächsten Seite gezeigte Bilderreihe soll Ihnen bei der Arbeit helfen. Im Einzelnen gehen Sie wie folgt vor:

Sternkettenrad austauschen:

Lösen Sie mit einem Schraubenzieher den Sprengring (s. Abb. 8) und entfernen Sie diesen ganz. Es passiert leicht, dass der Ring durch die Vorspannung während des Abstreifens wegspringt. Sichern Sie daher während des Ausbaus den Ring mit den Fingern.

Entfernen Sie die Unterlegscheibe (s. Abb. 9) und ziehen Sie das alte Sternkettenrad vom Kurbelwellenstumpf (s. Abb. 10) ab.

Setzen Sie das neue Kettenrad auf den Kurbelwellenstumpf auf. Achten Sie dabei auf eventuelle Aussparungen für den Ölpumpenantrieb (s. Abb. 11). Da es in der Bauform der Kupplungsglocke herstellerabhängige Unterschiede gibt, lesen Sie bitte bei Bedarf in der Betriebsanweisung Ihrer Säge besondere Spezifikationen nach. Überprüfen Sie bei der Gelegenheit auch das darunterliegende Nadellager auf einwandfreien Lauf. Schwergängige, angerostete bzw. defekte Nadellager sind auszutauschen.

Legen Sie die Unterlegscheibe wieder über den Kurbelwellenstumpf auf das Kettenrad und sichern Sie beide Bauteile mit dem Sprengring (s. Abb. 12), wie in der Abbildung gezeigt. Fertig!

Abb. 8

Abb. 9

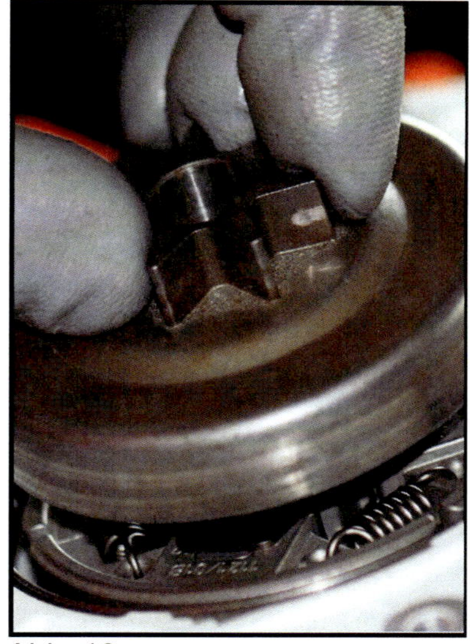
Abb. 10

Abb. 11

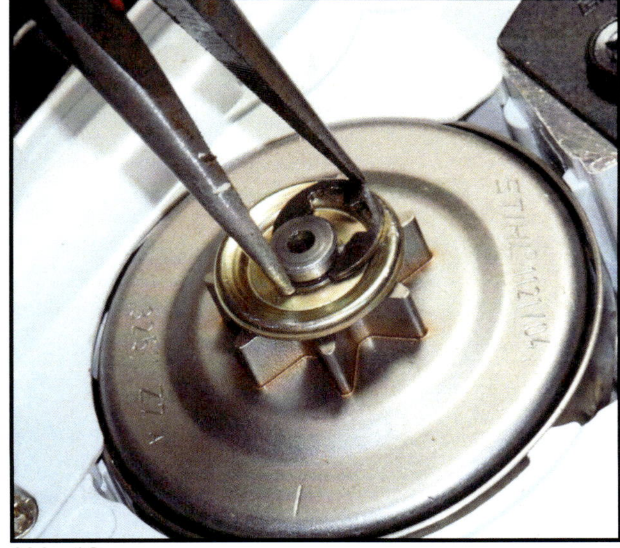
Abb. 12

Ringkettenrad austauschen!

Ein Ringkettenrad zu wechseln geht fast noch einfacher als der Austausch eines Sternkettenrades von der Hand. Lösen Sie auch hier zunächst den Sprengring (s. Abb. 15). Heben Sie die Unterlegscheibe ab (s. Abb. 16) und entfernen Sie den alten Antriebsring. Stecken Sie den neuen Antriebsring auf das Keilwellenprofil der Kupplungsglocke (s. Abb. 17). Die Unterlegscheibe wird aufgelegt und alle Bauteile werden, wie gezeigt, mit dem Sprengring (s. Abb. 18) gesichert. Fertig, ging doch ganz leicht, oder?

Da die Fliehkraftkupplung bei den beiden vorgestellten Systemen jeweils unter der Kupplungsglocke liegt (Fachbegriff: innenliegende Kupplung, s. Abb. 13), ist der Austausch ohne größere Montagearbeiten möglich. Anders sieht es hingegen bei Motorsägen mit außenliegender Kupplung (s. Abb.14) aus.

Kettenrad wechseln bei Motorsägen mit außenliegender Kupplung!

Bei dieser Antriebskonstruktion wird die Fliehkraftkupplung an das äußere Ende des Kurbelwellenstumpfs montiert. Dadurch rückt das Kettenritzel näher an die Mitte der Kurbelwelle heran. Die Hebelkräfte, die durch die Kettenspannung auf die Kurbelwellenlager wirken, werden dadurch reduziert. Prinzipiell ist diese Lösung technisch sehr sinnvoll, leider wird dadurch aber der Ritzeltausch erschwert.

Um an das Ritzel zu kommen, muss zunächst einmal die Fliehkraftkupplung demontiert werden. Und das ist leichter gesagt als getan.

Hierzu muss die Zündkerze entfernt und stattdessen ein Kolbenstopper eingedreht werden. Dieser blockiert den Kolben, so dass auch der weitere Kraftfluss blockiert wird und die Kurbelwelle sich nun nicht mehr dreht. Erst dann kann mit einem geeigneten Werkzeug die Fliehkraftkupplung (Vorsicht: Linksgewinde!) vom Kurbelwellenstumpf demontiert werden. Jetzt kann man das alte Antriebsritzel entfernen. Dabei spielt der Kettenradtyp keine Rolle, das Vorgehen ist im Wesentlichen immer gleich.

Alternativ bietet sich der Einsatz eines Schlagschraubers an, der wegen des hohen Drehmoments keine Blockierung des Kolbens voraussetzt.

Nach dem Austausch muss die Fliehkraftkupplung wieder montiert und gut handfest angezogen werden. Erst dann entfernen Sie bitte den Kolbenstopper und schrauben die Zündkerze wieder ein. Komplettieren und starten Sie anschließend die Säge. Betätigen Sie bei laufender Kette die vordere Kettenbremse ein- oder zweimal. Durch den abrupten Stopp zieht sich die Fliehkraftkupplung richtig fest.

Hinweis: Tragen Sie auch bei Probeläufen immer die nötige persönliche Schutzausrüstung. Vorsicht: Übermäßige Kraft kann zur Beschädigung des Kolbens führen!

Abb. 13

Abb. 14

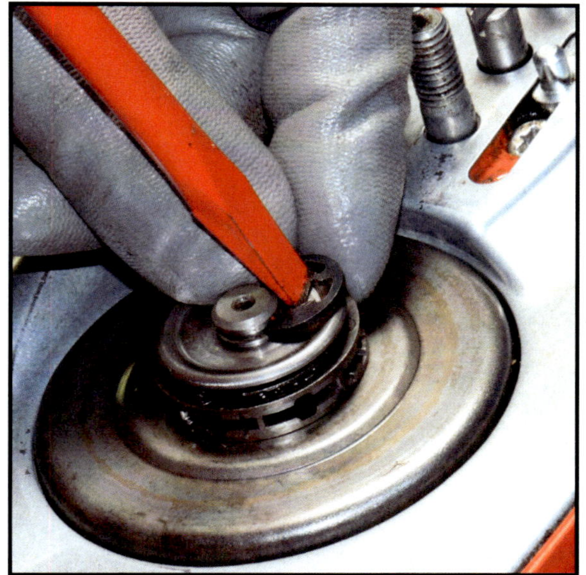
Abb. 15

Abb. 16

Abb. 17

Abb. 18

Die Führungsschiene

Neben dem Ritzel und der Sägekette gehört auch die Führungsschiene zur Schneidgarnitur. Sie übernimmt die Führung der umlaufenden Kette und ermöglicht durch ihre spezielle Form und Ausführung überhaupt erst den Sägevorgang. Im Laufe der Entwicklung hat es diverse Formen, insbesondere im Bereich der Schienenspitze, gegeben, die sich aber alle nicht durchsetzen konnten. Somit ist die heutige, moderne Führungsschiene ein Resultat langer Versuchs- und Entwicklungsreihen.

Hinsichtlich der Form und des Materials vereint sie in optimaler Weise das Schneide- und Rückschlagsverhalten mit der Materialstandzeit von Kette und Führungsschiene.

Da die Führungsschiene während des Schneidevorganges sehr starken Belastungen unterliegt, sollte der Motorsägenbesitzer auch diese Komponente der Schneidgarnitur regelmäßig warten und pflegen.

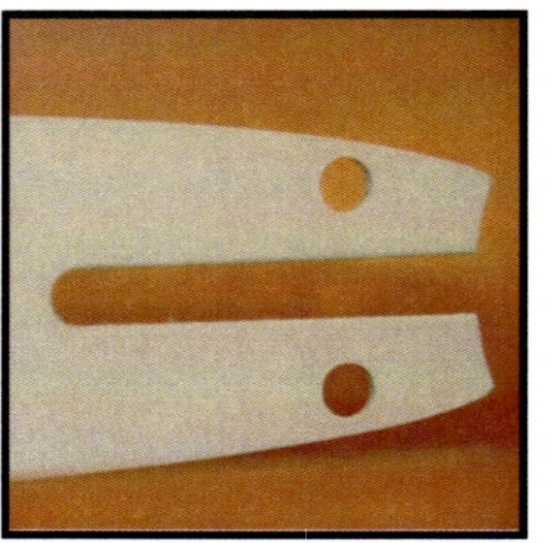
Abb. 19

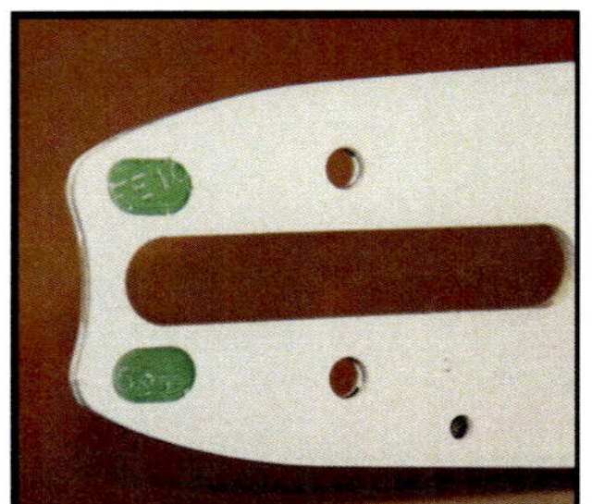
Abb. 19a

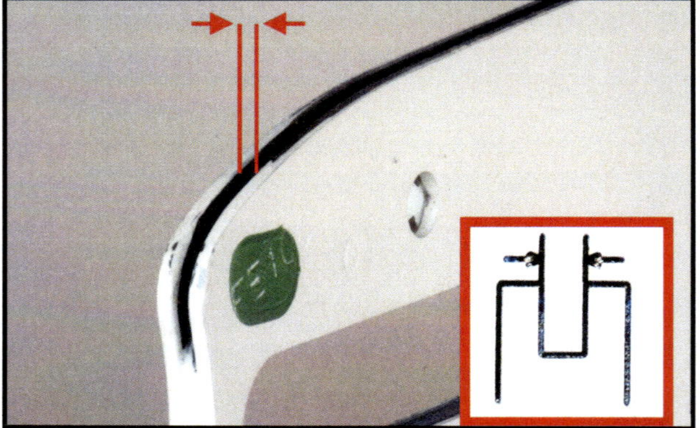
Abb. 20

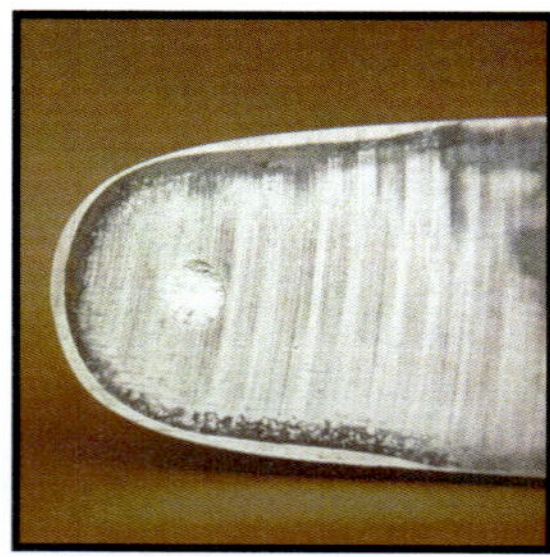
Abb. 21

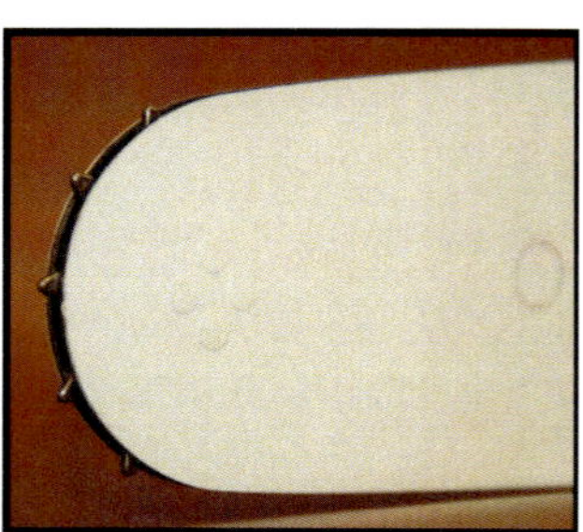
Abb. 21a

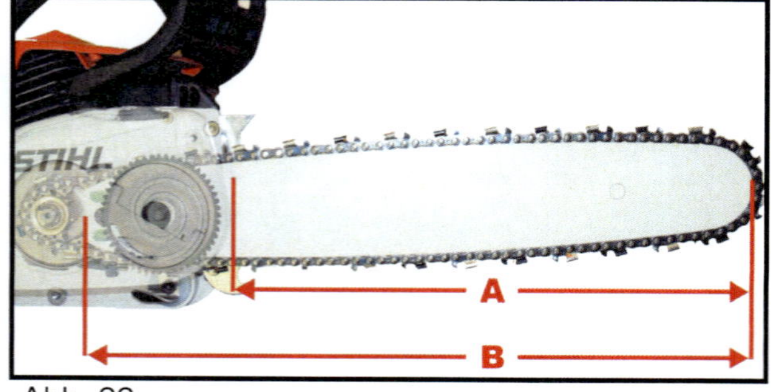

Abb. 22

Technische Merkmale

Je nach Motorsägenhersteller und Sägenmodell kommen unterschiedliche Führungsschienen zum Einsatz. Im Wesentlichen sind es vier technische Merkmale, die zur Bestimmung der Schiene beitragen.

1. Der Anschluss (Abb. 19 und 19a)
Hauptmerkmal ist hier die Form der Schienenaufnahme. Ist diese offen gestaltet (Abb. 19), handelt es sich häufig um Hobbysägen bzw. um leichte Baumpflege und Spezialsägen. Die geschlossene Form findet sich normalerweise bei Profisägen.

2. Die Schwertnutbreite (Abb. 20)
Ebenfalls Hersteller- und Typenabhängig ist die Schwertnutbreite. Das Angebot reicht von 1,0 mm (Längsschnittketten) bis 1,6 mm. Vorsicht: Beim Neukauf einer Sägekette muss diese zur Nutbreite passen. Andernfalls verliert die Kette ihre seitliche Führungsstabilität.

3. Schienenspitze (Abb. 21 und 21a)
Im Wesentlichen unterscheidet man hier Schienen ohne Umlenkstern (Abb. 21) und mit Umlenkstern (Abb. 21a). Die Ausführung ohne Umlenkstern findet sich meistens auf starken Fällsägen, da diese über ausreichend Motorleistungen verfügen, um den Kraftverlust bei der Umlenkung auszugleichen. Sehr schön ist auf der Abb. 21 die Hartmetallpanzerung zu sehen, die die Führungsschiene an der am meisten belasteten Stelle vor übermäßigem Verschleiß schützt. Die Ausführung mit Umlenkstern kommt normalerweise auf Motorsägen der unteren und mittleren Leistungsklassen zum Einsatz. Selbstverständlich muss der Umlenkstern zur Teilung von Kette und Antriebsritzel passen.

4. Führungsschienenlänge (Abb. 22)
Dieser Punkt soll für begriffliche Klarheit sorgen. Länge A definiert die sogenannte Schnittlänge, also den Holzdurchmesser, den die Säge mit einem einfachen Schnitt durchtrennen kann. Länge B definiert die Führungsschienenlänge.

Technische Merkmale

Nahezu alle Hersteller beschriften ihre Führungsschienen mit systemrelevanten Kenngrößen wie z.B.:

- Treibgliedstärke
- Teilung
- Anzahl der Treibglieder (= Kettenlänge)
- Führungsschienenlänge
- Teilenummer.

Müssen also Bauteile wie Ritzel, Sägekette oder die Führungsschiene neu beschafft werden, finden sich die entsprechenden technischen Daten auf der Führungsschiene, meistens unmittelbar vor dem Schienenanschluss (s. Abb. 23 / 24). Ausnahmen bilden allerdings die Schienen ohne Umlenkstern, da hier eine Verwendung von unterschiedlichen Kettenteilungen auch zu unterschiedlichen Treibgliedzahlen führen kann. Der folgende Überblick soll die wichtigsten technischen Daten kurz erläutern.

325" beschreibt die Kettenteilung. Die Kettenteilung gibt den durchschnittlichen Abstand der Nietbolzen an, mit denen die Sägekette vernietet wird. Misst man den Abstand von der Mitte eines beliebigen Nietbolzens bis zur Mitte des übernächsten Nietbolzens und teilt dieses Maß durch "Zwei", so erhält man die Kettenteilung. Die Maßangabe erfolgt üblicherweise in Zoll. (s. Abb. 25)

56 DL gibt die Anzahl der Treibglieder einer Kette an. Die Länge einer Sägekette wird nicht in Zentimeter ausgedrückt, sondern durch die Anzahl der Treibglieder.

0,58" bzw. 1,5mm beschreibt das Maß der Nutbreite einer Führungsschiene. (Siehe Erläuterungen zu Abb. 20)

Abb. 23

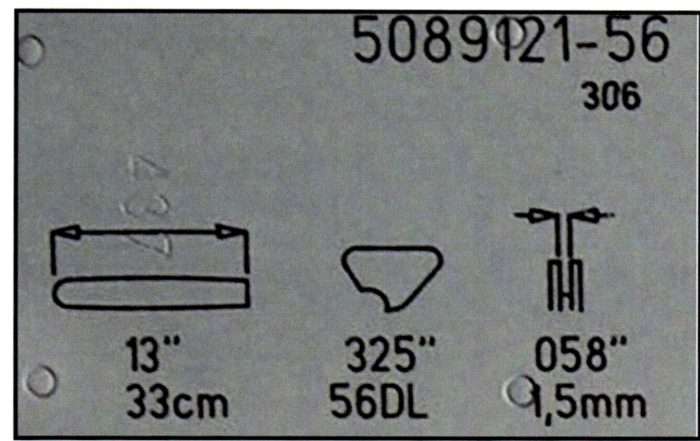

Abb. 24

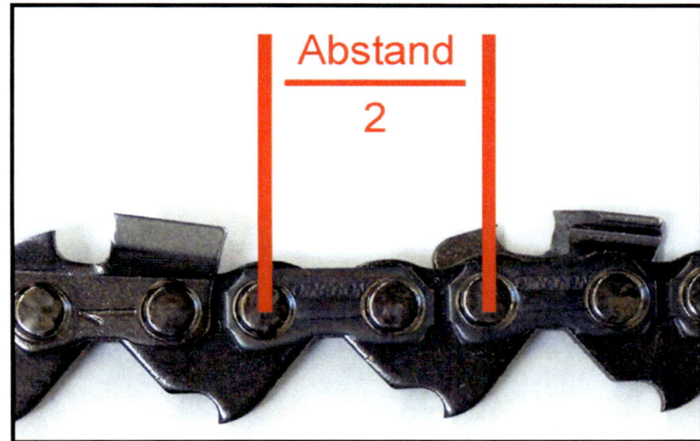

Abb. 25

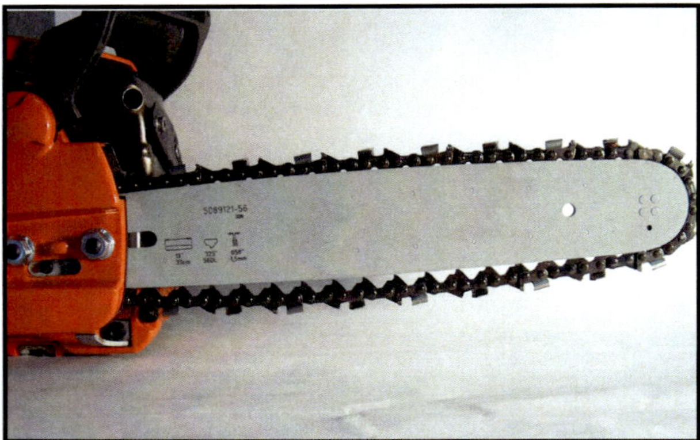
Abb. 26

Abb. 26a

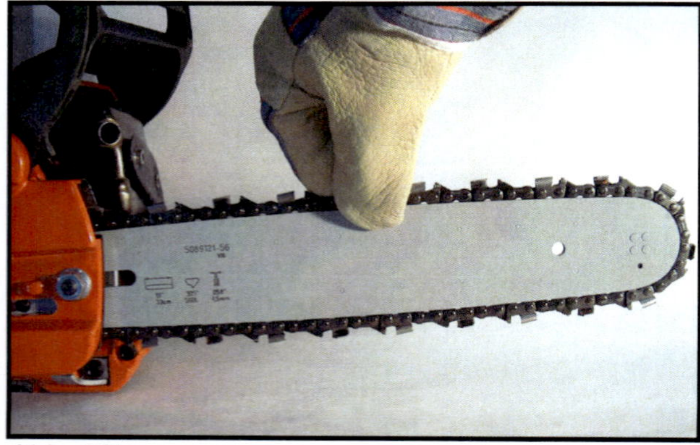
Abb. 26b

Kette spannen

Sehr häufig habe ich in Lehrgängen Motorsägen mit zu loser Kettenspannung gesehen. Die Besitzer dieser Sägen waren häufig nicht ausreichend informiert und der Meinung, das eine lose Kettenspannung den Verschleiss minimiere. Das ist definitiv nicht der Fall. Tatsächlich erhöht eine zu lose Spannung den Verschleiß an der Kette und der Führungsschiene. Daher erscheint es mir sinnvoll, das Thema "Kettenspannung" mit in die Pflege der Führungsschiene aufzunehmen.

Spannen Sie bei Bedarf Ihre Sägenketten nach. Sobald die Kette auch nur minimal an der Unterseite der Schiene (s. Abb. 26) durchhängt, sollten Sie nachspannen. Dabei kann es vorkommen, dass Sie eine neue Kette relativ häufig (am Anfang alle 10 Minuten) und selbst ältere Ketten noch 1 bis 2mal am Tag nachspannen müssen. Es ist normal, das eine Kette sich über die Lebensdauer hin bis zum Schluss verlängert. Auch wenn heute die Sägeketten in der Produktion mechanisch "gereckt" werden, so ist ein kontinuierliches Nachspannen normal.

Dabei sollten Sie nur auf folgende wichtige Punkte achten:

1. Lösen sie die Kettenraddeckelmuttern
2. Heben Sie die Schienenspitze an (s. Abb. 26 a)
3. Spannen Sie die Kette, bis diese an der Schienenunterseite anliegt.
4. Drehen Sie die Spannschraube noch ca. 1/5 bis 1/4 Umdrehung nach.
5. Ziehen Sie die Kettenraddeckelmuttern wieder fest.
6. Erst jetzt die Schienenspitze wieder loslassen.

Profitipp: Fassen Sie die Kette mit zwei Fingern (s. Abb. 26 b) an. Tragen Sie dabei unbedingt Handschuhe! Die Kette sollte sich jetzt mit leichtem Widerstand von Hand vorziehen lassen. Wichtig ist, dass die Kette nicht "durchhängt" und sich, wie eben beschrieben, noch von Hand vorziehen lässt.

Umlenkstern schmieren?

Abb. 27

Tja, in dieser Frage sind die namhaften Hersteller unterschiedlicher Meinung! Während die Fa. STIHL bei der Fertigung der eigenen Führungsschienen auf ein Schmierloch im Bereich des Umlenksterns (s. Abb. 27) verzichtet, werden von der Fa. OREGON (und allen Herstellern, die die Erstausrüstung der Schneidgarnitur bei OREGON beziehen) nach wie vor Führungsschienen mit einer Schmierlochbohrung (s. Abb. 28) in den Handel gebracht.

An dieser Stelle möchte ich aufgrund meiner 22-jährigen Erfahrung Folgendes zur Lösung der Frage beitragen: Die Kettenöle sind heutzutage so gut, dass bei korrekt gepflegter und gereinigter Führungsschiene und Kette ein ausreichende Versorgung des Umlenksternlagers mit Kettenöl gewährleistet ist.

Abb. 28

In Einzelfällen kann das Schmieren sogar nachteilig sein. Das Schmierfett sammelt sich häufig im unteren Bereich des Umlenksterns an und behindert dort den Weitertransport von Kettenöl an die stark belastete Schienenunterseite.

Daher gehe ich nicht davon aus, dass eine regelmäßige Schmierung des Umlenksterns nötig ist. Voraussetzung ist dabei natürlich, dass Sie qualitativ gutes Sägekettenhaftöl verwenden.

Profitipp: An dieser Stelle sei ausdrücklich erwähnt, dass die Verwendung von Altöl als Kettenöl verboten ist. Außerdem besteht bei längerem Kontakt mit Altöl ein erhöhtes Risiko, an Hautkrebs zu erkranken. Darüber hinaus führt die deutlich geringere Haftfähigkeit des Öles zu erhöhtem Verschleiß der Schneidgarnitur.

Qualitativ gute Kettenöle vereinen heute folgende Merkmale:

1. Beste Schmiereigenschaften zur Reduzierung der Materialabnutzung bei gleichzeitig gutem Haftvermögen, damit das Öl im Bereich des Umlenksterns nicht weggeschleudert wird.
2. Niedriger Stockpunkt, damit es auch noch bei Kälte fließfähig ist. Und gleichzeitig ein hoher Flammpunkt, damit es sich an der heißen Kette nicht selbst entzündet.
3. Antioxidative Eigenschaften, damit die ölbenetzten Bauteile an der Luft nicht sofort verharzen. Und biologisches Kettenöl sollte darüber hinaus biologisch abbaubar und damit umweltfreundlich sein.

Abb. 29

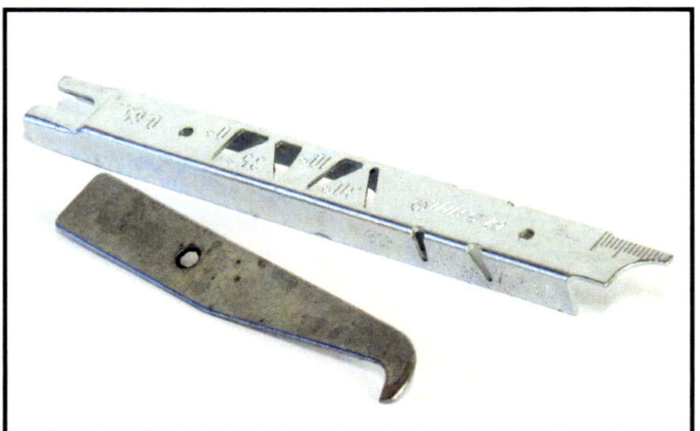
Abb. 30

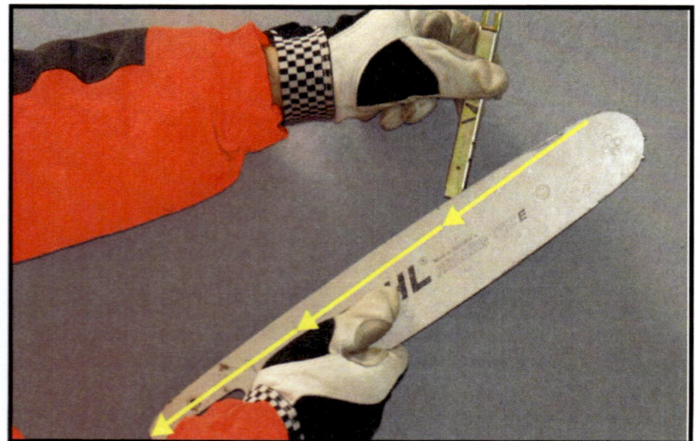
Abb. 31

Reinigen der Führungsschienennut

Während des Schneidevorgangs sammelt sich in der Führungsschienennut feiner, ölgetränkter Holzstaub (s. Abb. 29) an. Da dieser die Ölaufnahme beeinträchtigen kann, empfiehlt es sich, regelmäßig (täglich nach Gebrauch) die Schienennut mit einem speziellen Werkzeug zu reinigen. Diese sogenannten Schwertnutreiniger (s. Abb. 30) sind im Fachhandel erhältlich, lassen sich aber auch aus einem ca. 1,5 mm starken Blech selber anfertigen.

Dabei reinigt man zweckmäßigerweise immer vom Umlenkstern der Schiene zum Schienenanschluss (s. Abb. 31) hin. Achten Sie auch darauf, dass die Öleintrittsbohrungen immer mitgereinigt werden. Verstopfen diese, so kann es aufgrund mangelnder Schmierung zu vorzeitigem Verschleiß und Schäden an der Führungsschiene und der Kette kommen. Säubern Sie mit einem Pinsel und etwas Harzreiniger die Anlageflächen der Führungsschiene und der Motorsäge, bevor Sie die Bauteile wieder montieren. Dadurch wird sichergestellt, dass Schienennut und Ritzelführung sich in einer Flucht befinden.

Die Führungsschiene unterliegt insbesondere an der Schienenunterseite natürlichem Verschleiß. Achten Sie also darauf, das Sie die Schiene regelmäßig wenden, damit beide Seiten gleichmäßig abnutzen.

Profitipp: Von einer Reinigung mit Druckluft wird an dieser Stelle ausdrücklich abgeraten. Es kann zu Schadstoffinjektionen unter die Haut kommen. Weiterhin gelangen durch die Luftverwirbelung Schadstoffe (Öle und Holzstaub) in die Umgebungsluft und können somit bei fehlender Absaugung eingeatmet werden.

Grat an der Führungsschiene entfernen

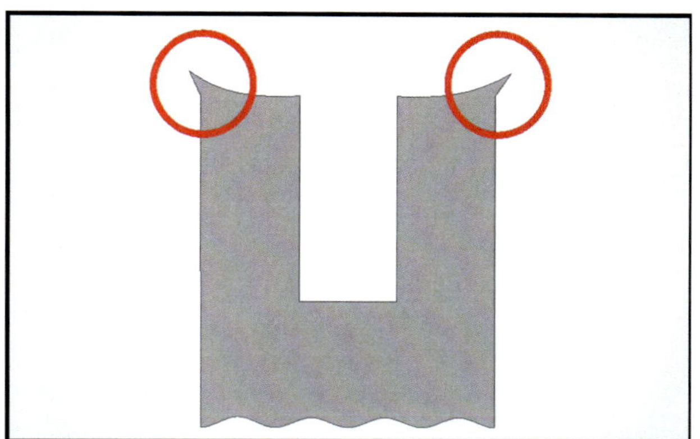
Abb. 32

Überall dort, wo Metall auf Metall reibt, entsteht auf Dauer ein Verschleiß. Das gilt auch für die Führungsschiene der Motorsäge. Zwar wird dieser Verschleiß durch qualitativ hochwertiges Kettenöl und eine immer besser werdende Kettenschmierung minimiert, dennoch kommt es aber von Zeit zu Zeit durch diese Reibung zu einer Gratbildung an den äußeren Kanten der Laufstege (s. Abb. 32).

Diese Gratbildung ist zunächst einmal völlig normal. Wird sie jedoch über einen längeren Zeitraum nicht fachgerecht beseitigt, so bricht der Grat irgendwann durch den Holzkontakt beim Schneidevorgang ab (s. Abb. 33). Die dabei entstehenden Bruchstellen auf den Laufflächen der Führungsschiene führen dann zu weiterem Materialverschleiß. Da diese Bruchstellen tief in den Laufstegen ausbrechen, ist eine Reparatur nachfolgend auch nicht mehr möglich.

Abb.33

Begutachten Sie daher regelmäßig die Kanten der Führungsschiene. Stellen Sie einen Grat fest, so sollten Sie diesen sofort mit einer guten Flachfeile beseitigen. Gehen Sie dazu wie folgt vor:

1. Bauen Sie die Führungsschiene von der Motorsäge ab und legen Sie diese auf die Kanten einer Werkbank.

2. Feilen Sie mit einer guten Flachfeile im Winkel von ca. 45 Grad (die Kante abfasen) den Grat so weg, dass die dabei entstehenden Sägespäne nicht in die Schwertnut gelangen (s. Abb. 34). Bearbeiten Sie möglichst die ganze Kante mit einem Feilstrich, damit keine Vertiefungen entstehen.

3. Fertig! Sie haben den Grat fachgerecht beseitigt und können die Schneidgarnitur nun wieder zusammenbauen.

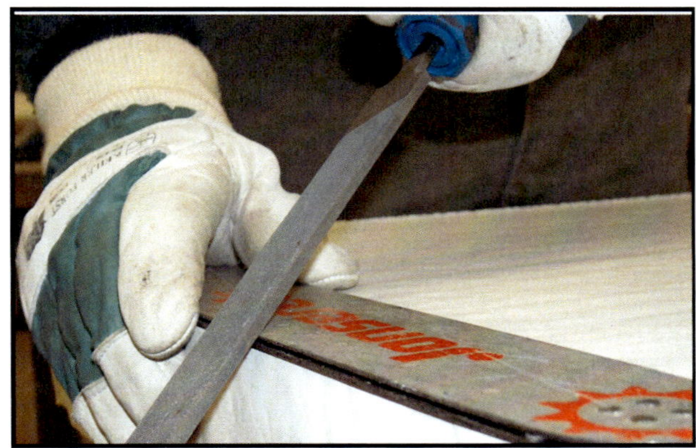
Abb. 34

Abb. 35

Abb. 36

Abb. 37

Laufflächen abrichten

Sehr häufig kommt es durch einseitige Schärfunterschiede zur unterschiedlich hohen Abnutzung der Laufflächen einer Führungsschiene. Diesen Schaden können Sie zunächst einmal sehr einfach selber feststellen. Stellen Sie die Führungsschiene auf eine waagerechte, möglichst glatte Tischplatte. Fällt die Führungsschiene bereits jetzt von allein um, so besteht dringender Pflegebedarf. Bleibt die Schiene stehen, legen Sie einfach zur weiteren Kontrolle einen Schreinerwinkel (wie in Abb. 35 zu sehen) an. Weist der Winkel eine Abweichung zur Schiene auf, sollten Sie die Laufflächen pflegen. Dabei stehen Ihnen mehrere Möglichkeiten offen.

1. Profitipp: Ein sehr praxistaugliches Gerät ist der Führungsschienenabrichter (s. Abb. 36) der Schweizer Firma Vallorbe (Kosten ca. 30 €). Dieses Gerät beseitigt mit geringem Aufwand ungleiche Laufsteghöhen sehr zuverlässig. Eine normale Flachfeile ist aufgrund der lasergehärteten Oberfläche der Führungsschiene und der unzureichenden Präzision ungeeignet.

2. Sollten umfangreichere Schleifarbeiten notwendig werden, empfiehlt sich der Einsatz eines Bandschleifers mit Winkelanschlag. Spannen Sie den Bandschleifer auf einem Tisch fest und verwenden Sie ein feinkörniges Metallschleifband. Ziehen Sie die Führungsschiene am Winkelanschlag gegen die Laufrichtung leicht über den Bandschleifer (s. Abb. 37). Achten Sie besonders auf den Umlenkstern. Dieser sollte mit dem Schleifband keinen Kontakt bekommen, da der Umlenkstern das Schleifband bei Berührung aufschneiden und zerstören kann. Achten Sie darauf, dass das Material nicht zu heiß wird und überprüfen Sie mehrmals den Zustand der Laufflächen. Tragen Sie immer nur soviel Material wie notwendig ab. Tragen Sie bei der Arbeit geeignete Handschuhe und eine Schutzbrille! Anschließend die Schienennut unbedingt reinigen!

Laufflächen abrichten & Steghöhe kontrollieren

4. Sollten die ersten beiden Varianten für Sie nicht in Frage kommen, bleibt wohl nur noch der Gang zum Fachhändler. Ein guter Fachhändler sollte in der Lage sein, diese Arbeit schnell und kostengünstig anzubieten.

Neben dem zuvor beschriebenen Materialabtrag kommt es während des Schneidvorgangs auch zu einer normalen Materialabnutzung der Führungsschiene. Zur regelmäßigen Wartung gehört demnach auch die Kontrolle der Nuttiefe dazu.

Bei Führungsschienen, die bereits mehrmals abgerichtet wurden, wie auch bei oft gebrauchten Schienen, sollte man regelmäßig mit einem geeigneten Werkzeug die Nuttiefe (s. Abb. 38) messen. Ideal ist der auf Seite 20 gezeigte Schwertnutreiniger. Dieser verfügt an der Reinigungsspitze über eine entsprechende Tiefenskala.

Gemessen werden sollte jeweils am Hauptbelastungspunkt der Führungsschiene, d.h., bei Schienen ohne Umlenkstern im Bereich der vorderen Umlenkung. Bei Schienen mit Umlenkstern sollte die Seite kontrolliert werden, mit der am häufigsten geschnitten wird. Dies wird wohl im Normalfall die Schienenunterseite sein.

Die nebenstehende Tabelle gibt Ihnen einen Überblick, welche Mindestnuttiefen die Führungsschiene Ihrer Motorsäge noch aufweisen sollte. Unterschreiten die Messungen an Ihrer Schiene diese Maße, so hat die Motorsägenkette keine ordnungsgemäße Führung mehr. Die Führungsschiene muss also ausgetauscht werden.

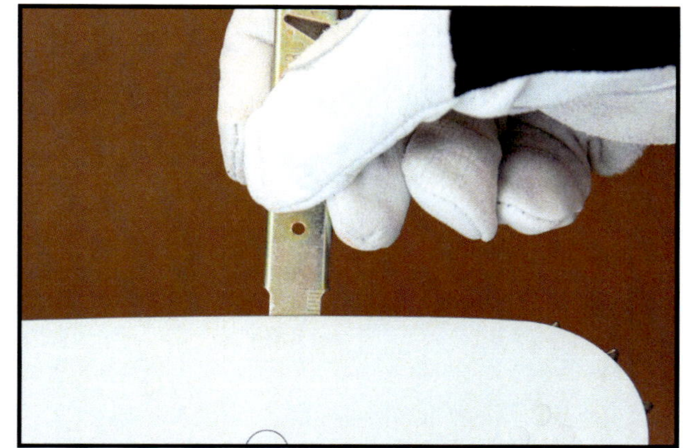

Abb. 38

Ketten-teilung (L/2)	Mindest-nuttiefe
1/4"	4 mm
0.325"	6 mm
3/8" NP*	5 mm
3/8"	6 mm
0.404"	7 mm

NP* = Niedrigprofilzahn

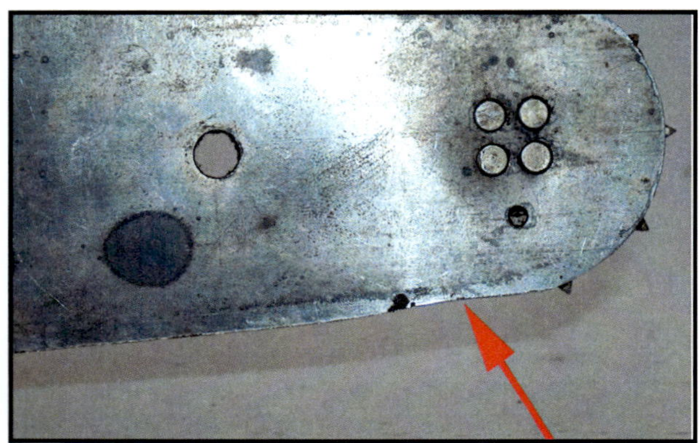
Abb. 39

Abb. 40

Abb. 41

Typische Schadensbilder

Unsachgemäße Wartung und vor allem zu locker gespannte Ketten haben auf Dauer massive Auswirkungen auf den Zustand der Führungsschiene. Werden diese Schadensbilder nicht rechtzeitig erkannt und behoben, bleibt am Ende oftmals nur noch der Wechsel bzw. Neukauf einer Führungsschiene übrig! Wichtig ist es daher, diese typischen Schadensbilder bereits frühzeitig zu erkennen und ihre Ursachen zu beseitigen.

Häufig entsteht durch eine zu lose gespannte Kette auf der Schienenunterseite, unmittelbar hinter dem Umlenkstern, eine Vertiefung (Beule!) in der Lauffläche. Da die nicht korrekt gespannte Kette durch die Fliehkräfte während der Umlenkung "abhebt" und beim Einlaufen auf die Schienenunterseite hart "aufschlägt", hinterlässt sie dort auf Dauer eine Vertiefung (s. Pfeil in Abb. 39). Stellt man diesen Schaden rechtzeitig fest, so lässt er sich durch egalisieren der Schienenstege (s. Seite 22) beheben. Wird bei der Instandsetzung die Mindesttiefennuttiefe unterschritten, so muss die Führungsschiene ausgetauscht werden.

Die Abb. 40 zeigt unterschiedlich hohe Laufstege. Feststellen können Sie den Mangel mit einem Winkel. Legen Sie den Winkel auf eine gerade Unterlage und stellen Sie die Schiene direkt daneben. Weichen Führungsschiene und Winkel voneinander ab, wird eine Abrichtung der Laufflächen nötig. Ist eine Zahnreihe schärfer bzw. stumpfer, so legt sich die Kette durch den erhöhten Schneidewiderstand zur Seite und übt in der Folge einen stärkeren Druck auf die Lauffläche aus, die dann auch stärker abnutzt.

Wird der Grat an der Führungsschiene nicht rechtzeitig fachgerecht entfernt (s. Seite 21), so können einzelne Gradstücke im Laufe der Zeit aus der Führungsschiene ausbrechen (Abb. 41). Die Folge ist eine grobe Lauffläche, auf der die Kette unruhig und mit hohem Verschleiß läuft. Abhilfe schafft nur die rechtzeitige und fachgerechte Beseitigung des Grats.

Checkliste
für Wartungsarbeiten an der Schneidgarnitur

	Arbeiten am Kettenrad	**OK**	**~~OK~~**
✓	Einlaufspuren geringer als 0,5 mm		
✓	Einlaufspuren tiefer 0,5 mm, Ritzel muss ausgetauscht werden		
	Arbeiten an der Führungsschiene	**OK**	**~~OK~~**
✓	Regelmäßig bzw. bei Bedarf die Kette nachspannen!		
✓	Führungsschiene täglich umdrehen, um gleichmäßigen Verschleiß zu erreichen!		
✓	Schwertnut nach ca. 8-10 Arbeitsstunden reinigen!		
✓	Öleintrittsbohrung reinigen!		
✓	Vor der Montage Kontaktflächen an Führungsschiene und Motorsäge reinigen!		
✓	Grat umgehend und bei Bedarf entfernen!		
✓	Laufflächen bei Bedarf abrichten bzw. abrichten lassen!		
	Schärfen der Sägekette	**OK**	**~~OK~~**
✓	Sägekette vor Beginn der Arbeiten grob reinigen!		
✓	Sägekette fachgerecht spannen!		
✓	Richtiges Werkzeug bzw. Feilendurchmesser auswählen!		
✓	Feilen waagerecht und mit 1/5 Überstand anhalten!		
✓	Schärfwinkel je nach Zahnform einhalten!		
✓	Brustwinkel je nach Zahnform einhalten!		
✓	Dachwinkel (60 ^{0}) einhalten!		
✓	Auf gleiche Zahnlänge achten!		
✓	Tiefenbegrenzer wird kontrolliert und bei Bedarf eingestellt!		
✓	Alle Zähne müssen scharf sein!		
✓	Sägekette abschließend von Metallspänen reinigen!		

Kopiervorlage! Benutzen Sie die Checkliste zur Planung bzw. Überprüfung Ihrer Schärfarbeit. Vervielfältigung ausdrücklich erwünscht!

Die Sägekette

Die Sägekette ist das Herzstück der Schneidgarnitur. Alle großen Hersteller fertigen nahezu baugleiche Drei-Laschen-Ketten, die nach dem Hobelzahnprinzip das Holz zerspanen. Unterschiede finden sich lediglich in der Material- bzw. Treibgliedstärke der einzelnen Hersteller und in einigen sehr technischen Details.

Dennoch müssen Sie bei Ihrer Schärfarbeit unbedingt auf die Zahnform, die einzelnen Schärfwinkel und den Tiefenbegrenzer achten. Nach wie vor gilt hier die alte Volksweisheit: *"Übung macht den Meister!"*

Sicher, für mehr oder weniger viel Geld gibt es vielerorts Schärfgeräte, deren Bedienungsanweisungen nicht selten ein "kinderleichtes" Kettenschärfen versprechen. Doch auch diese Geräte müssen auf die jeweilige Kette mit den entsprechenden Winkeln eingestellt werden. Und im Wald geht ohne Strom dann gleich gar nichts mehr!

Die folgenden Informationen und fleißiges Üben sind daher Grundvorausetzung für ein erfolgreiches Kettenschärfen.

Bauteile & Konstruktion

Moderne Sägeketten sind endlos, das heißt, ein Anfang bzw. ein Ende ist nicht zu erkennen. Alle mir bekannten Hersteller fertigen die Sägeketten nach dem Drei-Laschen-Prinzip. Das bedeutet, dass eine Sägekette aus insgesamt fünf, immer wiederkehrenden Einzelelementen besteht. Diese werden in drei Reihen miteinander vernietet. Die Arbeitselemente der Sägekette bilden dabei die Schneidezähne. In Laufrichtung der Kette unterscheidet man den **linken Schneidezahn (Abb. 1a)** und den **rechten Schneidezahn (Abb. 1b)**. Unmittelbar vor dem Schneidezahn erkennt man den **Tiefenbegrenzer (2)**.

Die Motorleistung wird über das Ritzel auf die Antriebselemente bzw. die **Treibglieder (Abb. 5)** übertragen. Diese sorgen durch ihren Lauf in der Führungsschiene auch für die nötige Richtungsstabilität beim Schneiden. Alle Bauteile werden mit den **Verbindungslaschen (Abb. 3+4)** endlos und dauerhaft beweglich zusammengefügt.

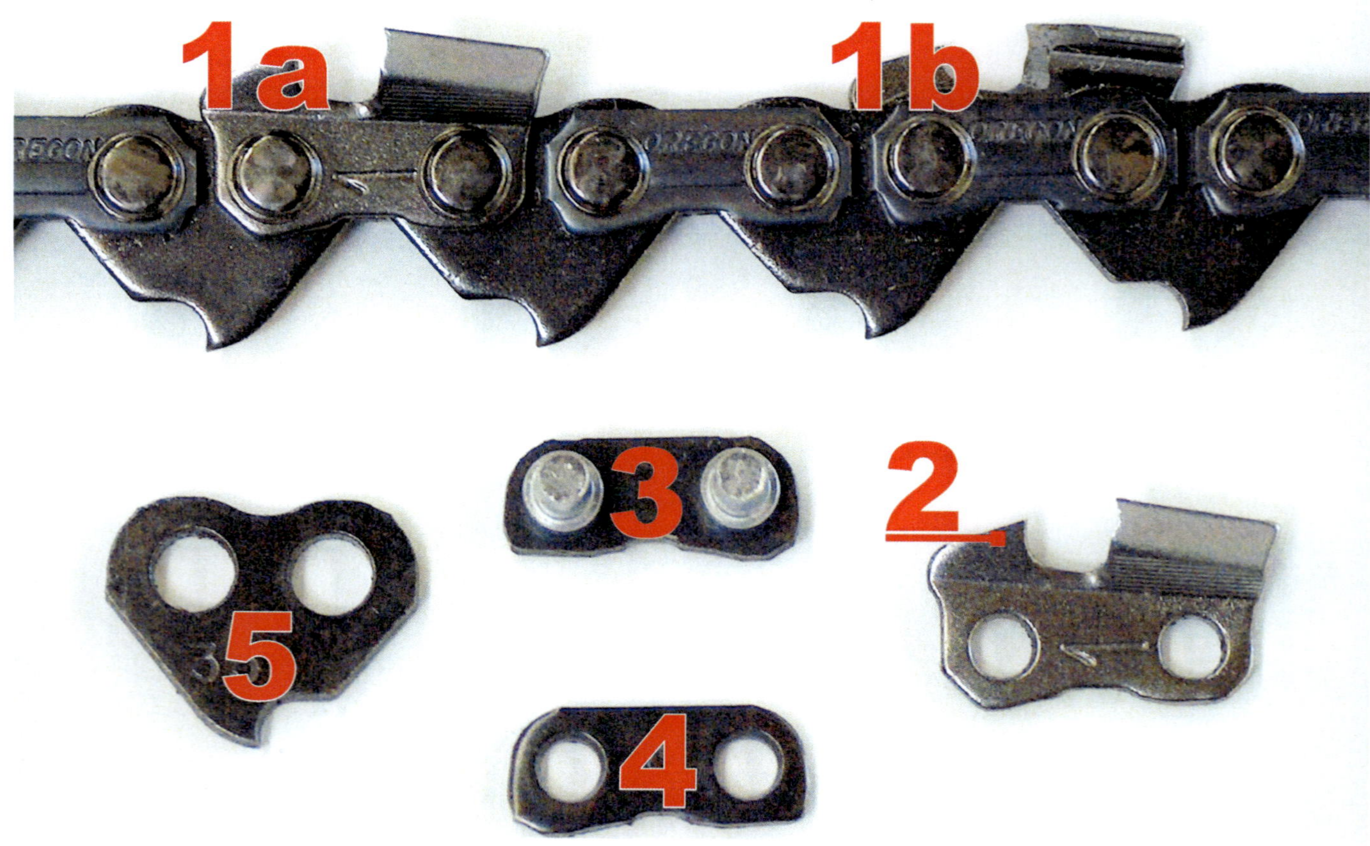

Arbeitsweise

Beim Einschneiden von Holz arbeitet die Motorsägenkette nach dem Hobelzahnprinzip. Der Vergleich mit einem herkömmlichen Handholzhobel erscheint an dieser Stelle zweckmäßig. Denn ähnlich wie das hervorstehende Messer des Handhobels arbeitet auch jeder einzelne Schneidezahn. Beobachten wir also einmal einen beliebigen Schneidezahn bei seiner Arbeit!

Trifft ein Schneidezahn auf einen Baumstamm, so zieht sich der gut geschärfte Schneidezahn selbstständig in das Holz. Dazu ist zunächst nur eine geringe Anpresskraft gegen das Holz notwendig, im Normalfall reicht das Eigengewicht der Motorsäge hierzu völlig aus. Da der Zahn durch seine Bauart nach hinten abfällt (man spricht hier von einem Freiwinkel) bzw. die Zahnspitze immer zum Holz hin zeigt, zieht sich der Zahn selbstständig in das Schneidgut ein. Durch die Vorwärtsbewegung der Sägenkette dringt der Zahn so lange in das Holz ein, bis der Tiefenbegrenzer auf der Holzoberfläche aufliegt.

Im Normalfall beträgt die Eindringtiefe (=Tiefenbegrenzerabstand) ca. 0,65 mm. Daher ist es sehr wichtig, dass der Höhenunterschied zwischen der Zahndachspitze und der Oberkante des Tiefenbegrenzers korrekt (0,65mm) eingestellt ist.

Da sich die Zahnhöhe bei einem Schärfvorgang durch den Materialabtrag verändert, muss ab und zu der Tiefenbegrenzerabstand mit der Feile neu eingestellt werden.

Ab jetzt schneidet der Zahn parallel zum Schnittverlauf weiter und hebt dadurch einen Holzspan ab. Von der Brustschneide wird der Holzspan anschließend seitlich abgetrennt.

Der abgetrennte Span wird im hinteren Teil der Zahnschaufel mitgeführt bzw. durch eine der folgenden Zahnschaufeln weiter transportiert. Beim Austreten aus der Schnittfuge werden die Sägespäne durch die Form des Kettenraddeckels kontrolliert ausgeworfen.

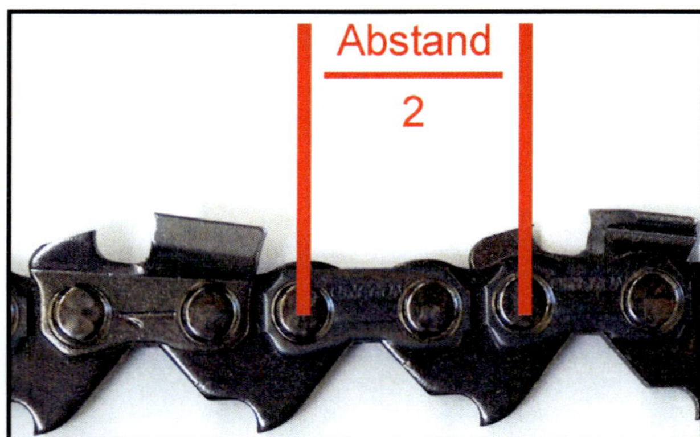

Abb. 42

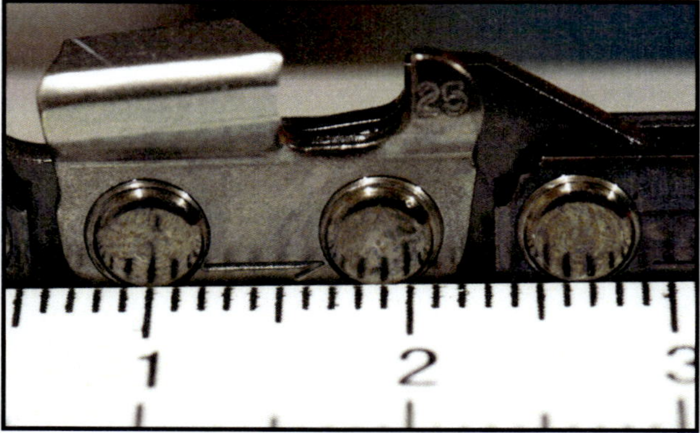

Abb. 43

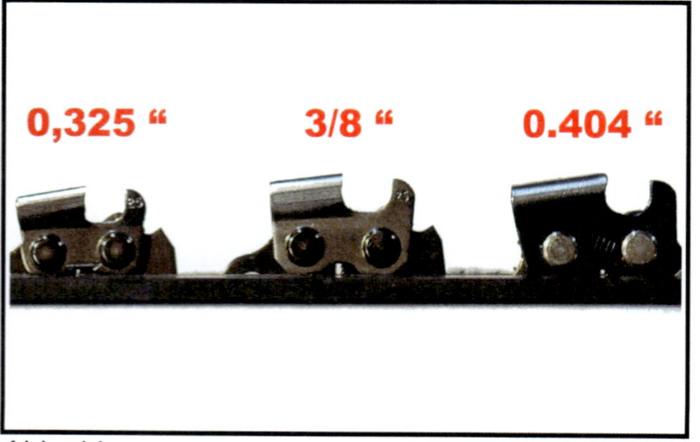

Abb. 44

Teilung

Kettenrad, Führungsschiene und Sägenkette bilden eine systemische Einheit. Um eine reibungslose Funktion zwischen Kette, Ritzel und Umlenkstern zu gewährleisten, muss die Kettenteilung zu den betreffenden Bauteilen passen.

Zur Herleitung der Teilung misst man den Abstand von der Mitte eines beliebigen Nietbolzens zur Mitte des übernächsten Nietbolzens und teilt dieses Maß dann durch zwei (s. Abb. 42). Bei genauerem Hinsehen erkennt man auch den Grund dafür. Die Abstände der Bohrungen sind nicht identisch, d.h. der Abstand von Nietbolzen 1 zu Nietbolzen 2 ist ein anderer (s. Abb. 43) als von Nietbolzen 2 zu Nietbolzen 3. Dann aber, von Niete 3 zu Niete 4, ist der Abstand wieder derselbe wie von Nietbolzen 1 zu Nietbolzen 2. Das rechnerische Mittelmaß definiert die Teilung. Das Maß wird üblicherweise in Zoll angegeben.

Die Größe der Teilung drückt auch die Baugröße der Schneidezähne und damit auch der übrigen Bauteile aus. Demzufolge sind die Schneidezähne einer 0,325"-Kette (durchschnittlicher Nietbolzenabstand: 8,25mm) kleiner als die einer 3/8"-Kette (durchschnittlicher Nietbolzenabstand: 9,32mm, s. Abb. 44). Oder anders ausgedrückt bedeutet es, dass bei gleicher Führungsschienenlänge eine 0,325"-Kette mehr Schneidezähne aufweist als eine 3/8"-Kette. An diesem Beispiel wird deutlich, dass eine Kette für eine 40er-Führungsschiene nicht automatisch passen muss. Denn das kann sie nur dann, wenn die Teilung des Umlenksterns und des Ritzels mit der Kettenteilung identisch ist. Die Teilung versteht sich also als Ordnungsmerkmal einer Kette.

Folgende Teilungen sind heute auf Motorsägen üblich:

1/4"	= 6,35 mm (Hobbysägen)
0,325"	= 8,25 mm (leichte Profisägen)
3/8"	= 9,32 mm (mittelstarke Profisäge)
0,404"	= 10,26mm (starke Fällsägen)

Zahngeometrie

Häufig werden von den Profis Begriffe verwendet, die beim Laien nur für Kopfschütteln sorgen. Da dieses Buch sich aber an alle "Holzsäger" richtet, soll dieses Kapitel in der Hauptsache für begriffliche Klarheit beim Leser sorgen.

Moderne Sägeketten sind, das wurde zu Kapitelbeginn deutlich, im Wesentlichen einheitlich konstruiert. So weisen auch die Schneidezähne aller namhaften Hersteller die gleiche Zahngeometrie auf. Die für die Sägearbeit wichtige Zahnschaufel (s. Abb. 45, rote Fläche) und der vorgelagerte Tiefenbegrenzer (s. Abb. 45, gelbe Fläche) ruhen auf dem Zahnchassis (s. Abb. 45, grüne Fläche).

Die Zahnschaufel wiederum gliedert sich in die Brust- (s. Abb. 46, blaue Fläche) bzw. Dachschneide (s. Abb. 46, gelbe Fläche), an deren vorderer Kante sich die namensgleichen Schneidekanten befinden. Die Anordnung der Brust- und Dachschneide zueinander definiert die Zahnform. Eine scharfkantige Anordnung ist typisch für den Vollmeißelzahn, eine gebogene Anordnung findet sich dagegen beim Halbmeißelzahn. Weitere Informationen zu den Zahnformen und -typen folgen im nächsten Kapitel!

Damit die Sägekette sich während des Schneidevorganges nicht festklemmt, fällt die Bauhöhe der Zahnschaufel leicht nach hinten (s. Abb. 47) ab. Ebenfalls ist die Zahnschaufel so konstruiert, dass sie im hinteren Bereich schmäler wird. Mit diesem Freiwinkel erreicht man, dass die Zahnschaufeln nur punktuellen und keinen flächigen Kontakt zum Holz hat. Ein Festklemmen wird somit vermieden. Im Allgemeinen beträgt der Freiwinkel bei allen Herstellern zwischen 7^0 und 9^0 Grad.

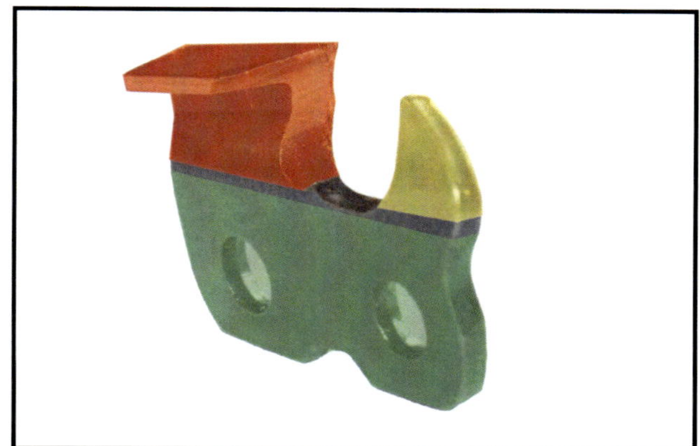

Abb. 45

Abb.46

Abb.47

Abb. 48

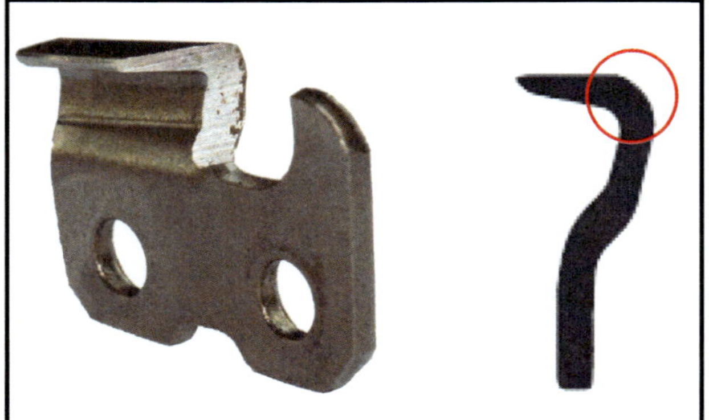
Abb. 49

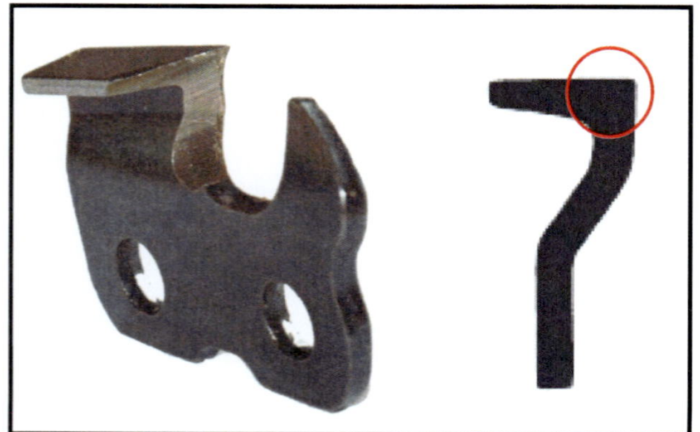
Abb. 50

Zahnformen

Oft frage ich die Teilnehmer meiner Lehrgänge, ob sie ihre Ketten selber schärfen. Von den meisten wird diese Frage mit einem eindeutigen "Ja" beantwortet. Auf die zweite Frage, ob sie denn auch wissen, welche Zahnform sie auf ihrer Säge haben, fällt die Antwort meistens weniger eindeutig aus.

Dabei ist es elementar wichtig, dass man zunächst einmal weiß, welche Zahnform es zu schärfen gilt. Zwar gibt es von ursprünglich drei Zahnformen "nur" noch zwei Zahnformen, die auf dem Markt eine Rolle spielen, aber diese unterscheiden sich gravierend in den einzuhaltenden Schärfwinkeln.

Halbmeißelzahn (s. Abb. 49)
Typisch für den Halbmeißelzahn ist die gebogene Anordnung von Dach- und Brustschneide. Zur Beurteilung der Zahnform betrachtet man den Zahn am besten von hinten, d.h. der Blick fällt in Laufrichtung von hinten (s. Abb. 48) auf den Zahn. Diese Zahnform ist ideal für alle Hobby- und semiprofessionellen Anwendungen. Durch die rundliche Zahnspitze ist diese Zahnform nicht ganz so anfällig gegen Beschädigung durch Schmutz. Diese Zahnform ist für den Gelegenheitsbenutzer ideal geeignet, da sie im Verhältnis leichter zu schärfen ist als der Vollmeißel.

Vollmeißelzahn (s. Abb. 50)
Typisch für den Vollmeißelzahn ist die scharfe, gekantete Anordnung von Dach- und Brustschneide. Diese fällt bei der Betrachtung von hinten sofort ins Auge. Durch diese Schneidenform wird der Schneidwiderstand gegenüber dem Halbmeißelzahn noch einmal verringert. Dadurch verfügt der Vollmeißel über eine sehr gute Schnittleistung. Die ausgeprägte, scharfkantige Zahnspitze verlangt eine präzise Schärfung. Das bedeutet nicht, dass der Zahn häufiger geschärft werden muss bzw. schneller stumpf wird. Der Vollmeißelzahn ist eine ideale Zahnform für das professionelle Schneiden von hartem und gefrorenem Holz.

Tiefenbegrenzerformen

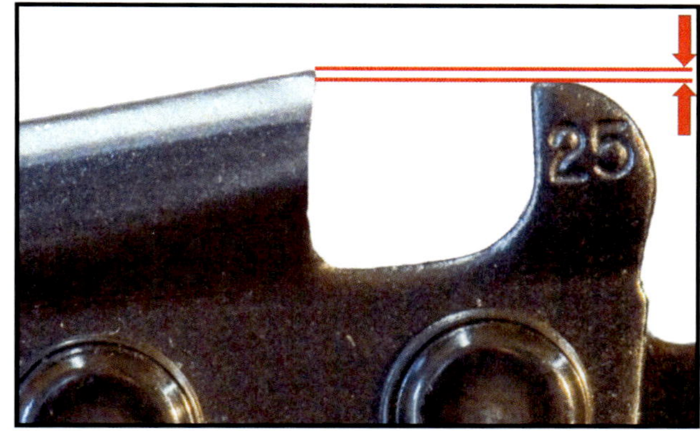

Abb. 51

Unabhängig von der Zahnform weist jeder Schneidezahn vor der Zahnschaufel einen "Höcker" auf, den sogenannten **Tiefenbegrenzer**. Wie bereits im Kapitel Arbeitsweise beschrieben, zieht sich die Zahnschaufel beim Schneidevorgang so lange selbstständig in das Holz ein, bis der Tiefenbegrenzer ebenfalls Kontakt zur Holzoberfläche bekommt. Die Stärke des abgetragenen Holzspans bestimmt also ausschließlich der Höhenunterschied zwischen der Oberkante des Tiefenbegrenzers und der Spitze der Zahnschaufel. Dieser Höhenunterschied wird als **Tiefenbegrenzerabstand** (s. Abb. 51) bezeichnet und ist werksseitig auf 0,65 mm eingestellt. Die Sägekettenhersteller fertigen, je nach späterem Verwendungszweck der Sägekette, zwei verschiedene Formen von Tiefenbegrenzern:

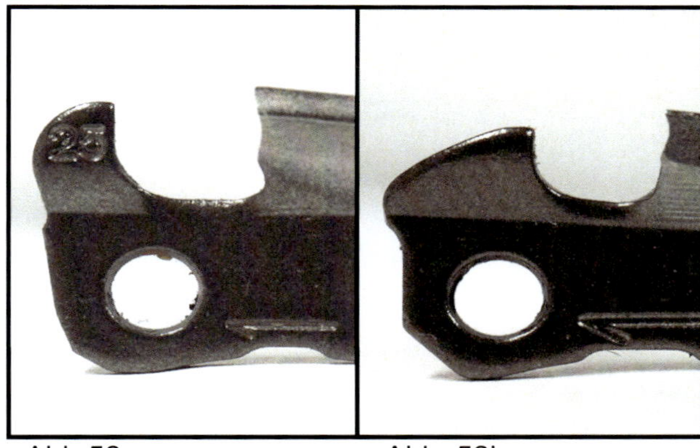

Abb.52a Abb. 52b

Für den semiprofessionellen und professionellen Anwender wird der Standardtiefenbegrenzer (s. Abb.52 a) empfohlen. Dieser Tiefenbegrenzer fällt in einem kleinen Radius steil nach vorne ab. Der Vorteil dieser Form ist eine deutlich höhere Stechschnittleistung. Dafür besteht aber auch gleichzeitig beim Stechschnitt eine erhöhte Rückschlagsgefahr (Kickback!).

Auf leichteren Hobbysägen und auf Baumpflegesägen findet sich häufig der Sicherheitstiefenbegrenzer (s. Abb. 52 b). Diese Form weist eine deutlich reduzierte Rückschlagsneigung auf. Dafür reduziert sich aber die Schnittleistung, wenn mit der Schienenspitze geschnitten wird. Um das Rückschlagverhalten noch weiter zu reduzieren, bauen einige Hersteller anstelle eines normalen Verbindungsgliedes ein besonders geformtes (z.B. ein 3-Höcker-Verbindungsglied, s. Abb. 53) Kettenglied ein.

Abb.53

Profitipp: Vorsicht, keine Kette ist rückschlagsfrei!

Die für die Waldarbeit geltenden Unfallverhütungsvorschriften erlauben das Arbeiten mit der Schienenspitze nur dann, wenn die Fälltechnik bzw. Arbeitstechnik es unbedingt erfordert.

Abb. 54

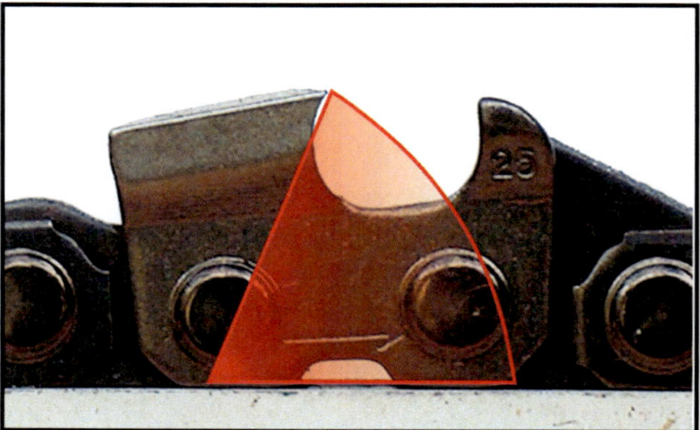

Abb. 55

Abb. 56

Zahnwinkel

Jeder Schneidezahn weist drei Winkel auf, die bei der Schärfung mit der Rundfeile oder dem Schärfgerät bearbeitet werden. Von oben nach unten handelt es sich dabei um den **Schärfwinkel** (s. Abb. 54), den **Brustwinkel** (s. Abb. 55) und den **Dachwinkel** (s. Abb. 56). Jeder dieser Winkel übernimmt während des Schneidevorganges eine wichtige Funktion und muss daher bei der Schärfung eingehalten bzw. durch die Schärfung wiederhergestellt werden.

Schärfwinkel (Abb. 54)
Betrachtet man den Schneidezahn von oben, so erkennt man, dass das Zahndach nach hinten abgeschrägt ist. Legt man von der Zahnspitze einen rechten Winkel (gelbe Linie) zur Führungsschiene an, so definiert diese Linie den Ausgangspunkt einer Winkelmessung bzw. die 0°-Grad Linie. Schwenkt man nun die Winkellehre zurück, dann ergibt sich der Schärfwinkel. Der schräge Verlauf der Schneide ermöglicht einen ziehenden und damit leichteren Schnitt der Motorsägenkette.

Brustwinkel (Abb. 55)
Die Brustschneide trennt den Span seitlich während des Schneidevorganges vom Holz ab. Daher ist die Zahnspitze leicht zum Holz hin nach vorne geneigt. Wird von der Gleitfläche des Schneidezahnes diese leicht nach vorne hängende Schneide gemessen, so definiert der eingeschlossene Winkel den **Brustwinkel.**

Dachwinkel (Abb. 56)
Der Dachwinkel wird ähnlich wie der Brustwinkel ermittelt. Anders als beim Brustwinkel betrachtet man aber nun den Schneidezahn von der offenen Seite her. Die Dachschneide verläuft von unten nach oben gesehen mit einem Hang nach vorne. Ebenfalls gemessen von der Gleitfläche des Schneidezahnes definiert der eingeschlossene Winkel den **Dachwinkel**. Da die Dachschneide die Hauptarbeit leisten muss, ist der Dachwinkel der wichtigste der drei Zahnwinkel.

Zahnwinkel

Einen Überblick über die jeweiligen Winkel soll die weiter unten stehende Tabelle liefern. Leider ist es so, dass je nach Zahnform (Voll- oder Halbmeißel) sowohl der Schärfwinkel und auch der Brustwinkel unterschiedlich sind. Und als wäre das nicht schon verwirrend genug, schreiben die verschiedenen Hersteller für ein und dieselbe Zahnform (Vollmeißel) auch noch unterschiedliche Schärfwinkel vor. So finden sich in den Schärfanweisungen der verschiedenen Hersteller für einen Vollmeißelzahn sowohl 25° Grad als auch 30° Grad Angaben.

Um das Thema zu vereinfachen können Sie ungeachtet der Zahnform einen Schärfwinkel von 30° einhalten. Damit gelingt Ihnen ein guter Kompromiss, der auch aus Sicht der Arbeitssicherheit keine Nachteile mit sich bringt.

Immerhin verweisen die Hersteller selber darauf, dass ein etwas spitzerer bzw. größerer Schärfwinkel (40° statt 30° Grad) zu mehr Schnittleistung führt. Ein stumpfer bzw. kleinerer Schärfwinkel (20° statt 30° Grad) führt zwar zu etwas weniger Schnittleistung, gleichzeitig aber auch zu ruhigerem Kettenlauf. Vermeiden Sie daher bitte Schärfwinkel über 35° Grad bzw. unter 25° Grad. Denn nur durch die genaue Einhaltung der Winkel werden Sie auf Dauer zufrieden stellende Schärfergebnisse erreichen. Und noch viel wichtiger als die Frage, ob man nun mit 25° oder 30° Grad schärft, ist die nach der gleichmäßigen Ausformung bzw. Einhaltung des Schärf-, Brust- und Dachwinkels an jedem Schneidezahn.

Profitipp: Um meine Lehrgangsteilnehmer nicht zu sehr zu verwirren, gebe ich immer den Rat, alle Zähne, egal welche Zahnform und welcher Hersteller, mit 30° Grad zu schärfen. Das macht die Sache deutlich einfacher und der Unterschied in der Schnittleistung ist nicht spürbar. Das bedeutet aber auch, dass möglicherweise die Hersteller, die für ihre Vollmeißelketten nur 25° Grad angeben, bei Kettenbrüchen eine Gewährleistung ablehnen. Eine Haftung dafür kann auch ich nicht übernehmen, möchte aber erwähnen, dass mir noch nie eine mit 30° Grad geschärfte Kette gerissen ist.

	Stihl		**Alle anderen Hersteller**	
	Halbmeißel	**Vollmeißel**	**Halbmeißel**	**Vollmeißel**
Schärfwinkel	35° (30°)* *Vereinfachter Winkel,	30° (30°)* s. Hinweis dazu oben!	35° (30°)* *Vereinfachter Winkel,	25° (30°)* s. Hinweis dazu oben!
Brustwinkel	80°-85°	60°-70°	80°-85°	60°-70°
Dachwinkel	60°	60°	60°	60°

Arbeitsvorbereitung

Wann sollte eine Kette eigentlich geschärft werden?

Die Antwort auf diese häufig gestellte Frage ist schnell gegeben: *Immer dann, wenn sie stumpf ist!*
Dass eine Kette stumpf ist merken Sie, wenn die Sägekette sich nicht selbstständig in das Holz zieht bzw. wenn Sie die Säge beim Schneidevorgang mit starkem Druck zum Schneiden *zwingen* müssen. Der Zustand der ausgeworfenen Sägespäne gibt ebenfalls Auskunft über den Schärfegrad der Kette. Handelt es sich um richtige Späne, ist die Kette noch mehr oder weniger scharf. Handelt es sich aber eher um feines Sägemehl, so sollte die Kette umgehend geschärft werden. Denn neben einem deutlich erhöhten Verschleiß an Kette, Führungsschiene und dem Antriebsstrang (Ritzel + Motor) bringt die Arbeit mit einer stumpfen Kette vor allem eines mit sich: körperliche Anstrengung und unkontrolliertes Arbeiten mit erhöhter Unfallgefahr. Daher gilt: je früher und je öfter geschärft wird, desto sparsamer und schneller kann gefeilt werden, desto sicherer arbeiten Sie und desto länger ist die Lebensdauer der Kette bzw. der Schneidgarnitur.

Bevor Sie Ihre Sägekette mit einer Rundfeile selbst schärfen, müssen einige vorbereitende Arbeiten durchgeführt werden. Durch die Arbeiten wird zum einen der Schärferfolg gesteigert und zum anderen die Standzeit der Rundfeile verlängert, was wiederum einen finanziellen Vorteil mit sich bringt. Denn die in diesem Buch gegebenen Hinweise haben nicht nur das Ziel, dass Sie demnächst immer mit einer scharfen Sägekette sicher arbeiten. Auch möchte ich Ihnen durch diese Tipps einen finanziellen Vorteil ermöglichen. Anders als bei einer Waldschärfung, bei der es nur darum geht, die Sägekette während der Arbeit im Wald zu schärfen, sollten Sie bei einer Werkstattschärfung sehr genau vorgehen. Ziel einer Werkstattschärfung ist es, die Kette wieder in einen korrekten Grundzustand zu versetzen. Daher sollten folgende Vorbereitungen vor Beginn der Schärfarbeit getroffen werden:

1. Sägekette reinigen!
Beseitigen Sie ölhaltige Holzreste bzw. Ölrückstände (s. Abb.57,58) mit einem Pinsel oder Putzlappen. Wenn Sie die Sägekette vorher mit einem Werkstattreiniger zusätzlich einsprühen, lassen sich die Ablagerungen nahezu komplett beseitigen. Durch die Arbeit erhöhen Sie die Standzeit der Rundfeile bedeutend. Außerdem trägt die Rundfeile deutlich griffiger das Material ab, was zu einem besseren Feilstrich führt.

2. Sägekette spannen!
Dadurch verhindern Sie das Aufstellen des Schneidezahnes (s. Abb. 59) während des Feilvorganges. Denn wenn der Zahn nicht gut positioniert ist, wird das Einhalten der Winkel deutlich erschwert. Bei fachgerechter Kettenspannung (s. Kapitel Führungsschiene) ersparen Sie sich außerdem das lästige Einlegen der Kettenbremse vor jedem Schärfvorgang.

3. Kürzesten Zahn ermitteln!
Ziel der Grundinstandsetzung ist es ja, dass nach der Schärfarbeit alle Zähne scharf sind, die Winkel stimmen, der Tiefenbegrenzerabstand stimmt und dass alle Zähne gleich lang sind. Damit alle Zähne nach der Instandsetzung gleich lang sind, sollte man vor der Arbeit mit einer Schieblehre (s. Abb. 60) den kürzesten Schneidezahn ermitteln. Anschließend wird dieser Zahn *(Masterzahn)* fachgerecht geschärft und danach erneut vermessen. Zur Kontrolle kann das Messwerkzeug dann auf die Länge des *Masterzahnes* arretiert und während der Feilarbeit als Lehre eingesetzt werden.

Profitipp: Der Profi erkennt eventuell vorhandene Differenzlängen von 0,5 mm mit dem bloßen Auge. Und Längenunterschiede unter 0,5 mm sind tolerierbar und haben keine spürbare Auswirkung auf die Schnittleistung der Motorsäge.

Abb. 57

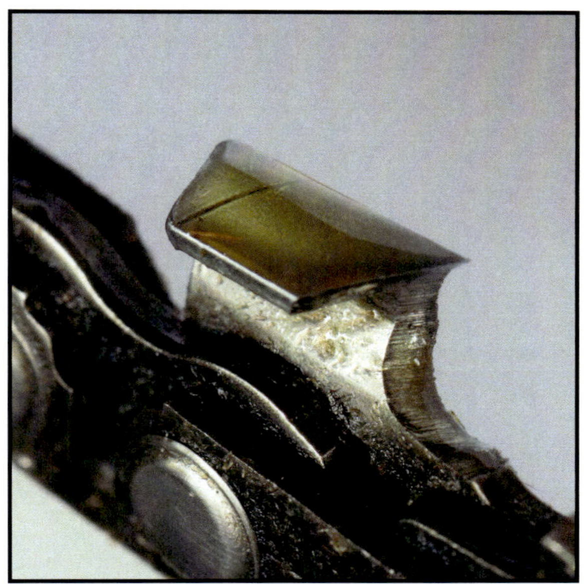
Abb. 58

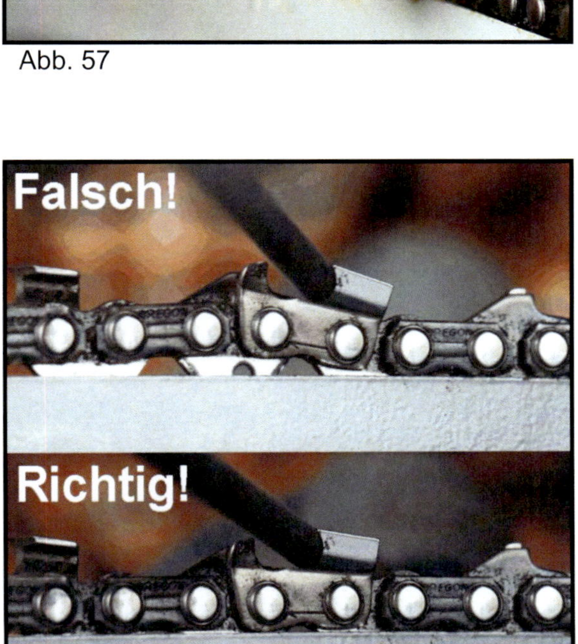

Abb. 59

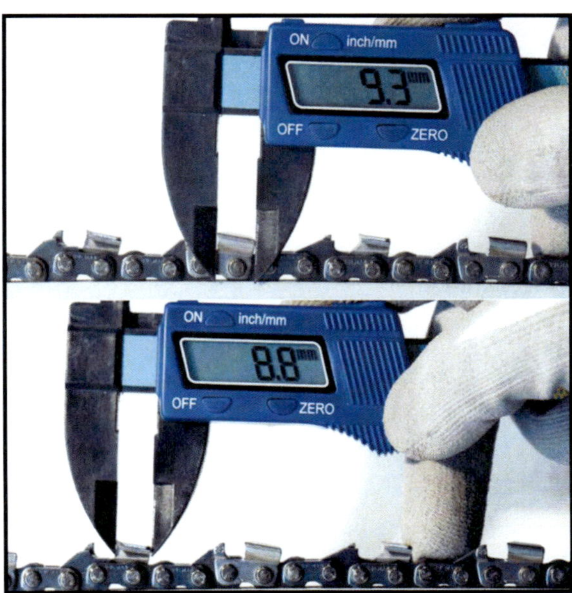

Abb. 60

Werkzeugauswahl & Feilhilfen

Das Angebot an elektrischen Schärfgeräten, Rund- und Spezialfeilen sowie diversen Feilhilfen ist auf dem Markt fast unüberschaubar geworden. Vom einfachen Schärfgitter für 4,30 € über das 12-Volt Elektroschärfgerät für immerhin schon 75,- € und das Akkuschrauberbetriebene Spezialgerät bis hin zum stationären 220 Volt-Schärfgerät im Wert von mehreren hundert Euro bietet der Markt für den Motorsägenbenutzer eine breite Palette. Und bestimmt erfüllt jedes dieser Werkzeuge seinen Zweck, das eine mehr, das andere weniger!

Schon mehrfach habe ich erwähnt, dass es mein Ziel ist, dem geneigten Leser mit einfachen, kostengünstigen Hilfsmitteln, ein paar Tricks und ein wenig Übung ein professionelles Kettenschärfen zu ermöglichen. Daher erhebt dieses Kapitel keinen Anspruch auf eine vollständige Marktübersicht, sondern meine Empfehlungen beschränken sich auf von mir geprüfte und für tauglich befundene Feilen und Feilhilfen, die alle für weniger als 20,- Euro zu bekommen und sowohl in der Werkstatt als auch im Wald problemlos einzusetzen sind.

Rund- und Flachfeilen

Zur Standardausrüstung (s. Abb. 61) gehören:

1. zwei Rundfeilen je Teilung mit entsprechend abgestuftem Durchmesser (s. Tabelle in Abb. 62) und Feilenheft

2. eine Tiefenbegrenzerflachfeile mit runden, unbehauenen Kanten und Feilenheft, Maße 16x150 mm

3. ein Kombischlüssel zur Kettenspannung

4. eine Feilenbürste

Der Grund, warum zwei Rundfeilen mit unterschiedlichen Durchmessern benötigt werden, ist schnell erklärt! Die Zahnhöhe fällt nach hinten hin ab. Da die Feile aber während des Schärfvorganges (siehe dazu auch Kapitel "Feilenhaltung") ca. 20 % über dem Zahndach überstehen muss, ist es ratsam, von der Zahnspitze bis zur halben Zahnlänge die jeweils dickere Feile einzusetzen. Danach, also von der Zahnmitte bis zum Zahnende (bei Erreichen von ca. 4mm Zahnlänge sollte die Kette gegen eine neue Kette ausgetauscht werden) kommt ein dünnerer Feilendurchmesser (s. Abb. 62) zum Einsatz.

Verwenden Sie bitte immer nur Motorsägenrundfeilen, da diese im Gegensatz zur normalen Rundfeile zylindrisch sind. Nur so bekommt man einen gleichmäßigen Schliff hin. Außerdem haben diese speziellen Rundfeilen einen spiralig angeordneten, voreilenden Hieb. Das bedeutet, dass diese Feilen immer nur auf Stoß, also nur in eine Richtung feilen bzw. Material abtragen. Während der Arbeit muss die Feile durch den spiraligen Hieb (s. Abb. 63) auch nicht gedreht werden. Lediglich von Zahn zu Zahn sollte man die Feile leicht drehen, damit eine Abnutzung rundherum eintritt. Die Standzeit einer Feile kann durch Reinigen der Kette vor dem Schärfen und durch mehrmaliges Abbürsten mit einer Feilenbürste deutlich verlängert werden. Dennoch dürfte eine gute Feile nach spätestens 8-10 Kettenschärfungen (nicht Ketten!) abgenutzt sein. Übrigens, ist die Feile matt (s. Abb. 64a), sollte der Zustand noch gut sein. Eine glänzende, fast speckige Feile (s. Abb. 64 b) hingegen erfüllt ihre Aufgabe nicht mehr.

Profitipp: Ein paar Worte noch zur Qualität der Feilen. Nach einigen Testkäufen quer durch die Einkaufsregale ist es meine persönliche Meinung, dass die Feilen der FA. PFERD die besten sind, und zwar mit Abstand. Aber das ist meine ganz persönliche Meinung und sollte Ihre Kaufentscheidung nicht beeinflussen!

Abb. 61

Kettenteilung		Feilendurchmesser	
Zoll	mm	Neuer Zahn bis ½ Zahnlänge	½ Zahnlänge bis Zahnende
1/4	6,35	4,0 mm	3,5 mm
3/8 NP	9,32	4,0 mm	3,5 mm
.325	8,25	4,8 mm	4,5 mm
3/8	9,32	5,5 mm	5,2 mm
.404	10,26	5,5 mm	5,5 mm

Abb. 62

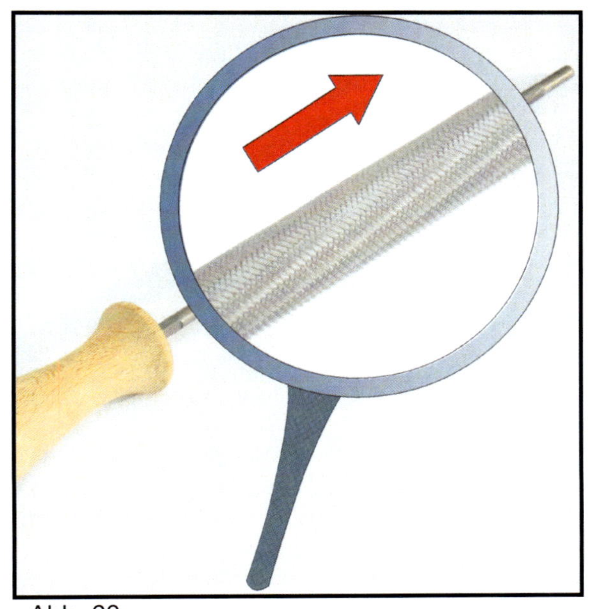

Abb. 63

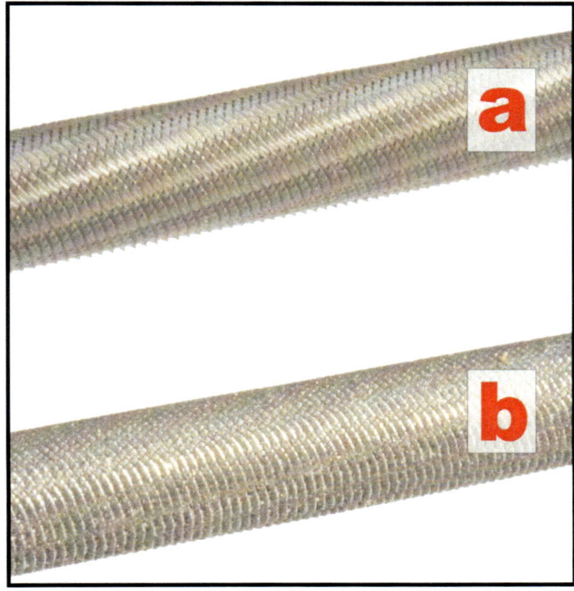

Abb. 64

Werkzeugauswahl & Feilhilfen

Feilenhefte

Der Fach- und Einzelhandel bietet eine relativ große Produktpalette an Feilenheften (Feilengriffe) an. Ob Sie nun Holz oder Kunststoffgriffe bevorzugen, bleibt dabei Ihnen überlassen. Wichtig ist nur, dass diese Feilenhefte einen guten Griff bieten. Ein wirklich empfehlenswertes Modell ist in diesem Zusammenhang der ausgesprochen ergonomisch geformte Griff FH2 der Firma PFERD.

Einige Modelle bieten Stauraum für Ersatzteile (z.B. Zündkerze), andere Feilenhefte weisen Markierungen auf, die zur Überprüfung des Schärfwinkels dienen sollen. Nach meiner Erfahrung bringen diese auf dem Griff angebrachten „Schärfwinkelhilfen“ aber keinen wesentlichen Vorteil. Schon gar nicht, wenn diese in der Griffmitte angeordnet sind. Etwas besser sind da schon die Ausführungen, bei denen die Schärfwinkelhilfe unmittelbar an der Feilenaufnahme (also vorne) angebracht ist. Letzten Endes aber gibt es zur Kontrolle des Schärfwinkels während der Feilarbeit bessere Hilfsmittel.

Feilhilfen

Eine gute Feilhilfe ist die, die leicht anzuwenden und (auch im Wald) immer griffbereit ist. Ich persönlich nutze daher während eines Schärfvorganges lediglich das sogenannte Schärfgitter (s. Abb. 65). Dieses kostengünstige Hilfsmittel (ca. 4,- bis 5,- €) ermöglicht es mir, durch die gut sichtbaren Hilfslinien den Schärfwinkel korrekt einzuhalten. Auf der Ober- und Unterseite finden sich je nach Modell $25^0/30^0$ Grad bzw. $30^0/35^0$ Grad Winkellinien. Je nach Zahnform und Hersteller (s. Seite 34/35) haben Sie also die Wahl. Und wer gerne bastelt, kann sich ein solches Schärfgitter aus Sperrholz und Magneten auch leicht in der gewünschten Größe selber herstellen.

Häufig stelle ich bei meinen Kursteilnehmern fest, dass die Feile durch starken Druck und im Bezug auf das Zahndach zu tief geführt wird. Eher selten sieht man dagegen, dass die Feile zu hoch angesetzt wird. In beiden Fällen aber wird der Brustwinkel nicht fachgerecht ausgeformt. Die Folgen sind entweder zu geringe Schnittleistung durch eine zu hoch geführte Feile (Brustwinkel hat Rückhang) oder ein aggressives Schnittverhalten mit geringer Standzeit (Brustwinkel hat Vorhang). Abhilfe schafft hier die in Abb. 66 gezeigte Rollenfeilhilfe (HUSQVARNA) bzw. der Feilenhalter (STIHL) in Abb. 67. Beide Varianten werden vom Fachhandel vertrieben und kosten zwischen 8,- und 10,- €.

Die in Abb. 68 gezeigte BAHCO-Feilhilfe kombiniert die Vorteile des Schärfgitters (Einhaltung des Schärfwinkels) mit dem Vorteil der Rollenfeilhilfe (exakte Höhenführung der Feile). Zwar muss es, wie die Rollenfeilhilfe auch, beim Kettenschärfen von Zahn zu Zahn abgenommen und wieder auf die Kette aufgesetzt werden, jedoch ist der Zeitbedarf dafür akzeptabel und das Schärfergebnis die Mühe in aller Regel wert. Der Kaufpreis beträgt ca. 15,- €. Das Gerät ist mit einer Größe von 4x5x3 cm (LxBxH) noch gut geeignet, um es bei der Arbeit im Wald wie auch in der Werkstatt immer dabeizuhaben. Beide Feilhilfen verfügen außerdem über eine ausklappbare, praxistaugliche Tiefenbegrenzerlehre. Nachteilig ist, dass die BAHCO-Feilhilfe bzw. auch die Rollenfeilhilfe nur jeweils für Ketten mit gleicher Teilung zu verwenden sind. Ein Gerät für die Teilung 0.325" passt nicht auf eine Kette mit 3/8" Teilung.

Profitipp: Der Umfang der Ausrüstung ist nicht immer gleichbedeutend mit einem guten Schärfergebnis. Gerade beim Kettenschärfen gilt: "Es ist noch kein Meister vom Himmel gefallen!" bzw. "Übung macht den Meister!".

Abb. 65

Abb. 66

Abb. 67

Abb. 68

Feilenhaltung

Nachdem nun die Kette fachgerecht vorbereitet und das richtige Werkzeug ausgewählt wurde, kann mit dem eigentlichen Schärfen begonnen werden. Wichtig ist dabei von Anfang an, dass die Feile richtig am Zahn entlanggeführt bzw. richtige gehalten wird. Grund genug also, das Thema Feilenhaltung einmal genauer zu betrachten.

Grundsätzlich wird nicht jeder Zahn in Folge bearbeitet, sondern zunächst werden im ersten Durchgang beispielsweise nur alle rechten Schneidezähne von innen (s. Abb. 69) nach außen, sprich zur Brustschneide hin, geschärft. Nachdem alle Zähne einer Seite geschärft wurden, wird die gesamte Säge über die Hochachse gedreht und neu eingespannt. Danach werden in einem 2. Durchgang die Zähne der anderen Seite ebenfalls von innen nach außen geschärft. Die Feile greift dabei, wie schon erwähnt, nur im Vorwärtsstrich. Beim Zurückziehen heben Sie bitte die Feile aus dem Zahn bzw. nehmen die Feile von der Schneidefläche weg.

Selbst bei einem Profi kommt es nach einigen Schärfvorgängen zu unterschiedlich langen Schneidezähnen. Dabei ist es typisch, dass ein Rechtshänder die rechte Zahnseite mit mehr Anpressdruck schärft, was unweigerlich auf Dauer eine kürzere rechte Zahnseite zur Folge hat. Bei einem Linkshänder ist es häufig umgekehrt, hier ist die linke Zahnseite oftmals kürzer. Diesem Phänomen können Sie aber entgegenwirken. Wenn Sie also beispielsweise die rechte Zahnseite schneller abfeilen, dann probieren Sie doch einmal folgenden Trick aus. ***Profitipp: Sie „zählen" die Feilstriche, mit denen Sie die rechte Zahnseite schärfen, zum Beispiel 4 Feilstriche je Zahn. Nach dem Umdrehen der Säge feilen Sie dann die linke Zahnseite, also die, die Ihnen nicht so gut liegt, mit einem oder zwei Feilstrichen (also 5 bis 6 Feilstriche) mehr!***

Und noch ein Vorteil geht mit der Zählmethode einher. Die Zahnlänge aller Zähne bleibt in einem Toleranzbereich von 0,5 mm von Zahn zu Zahn nahezu gleich lang. Oder anders ausgedrückt: Achten Sie bitte darauf, dass alle Zähne immer gleich lang sind bzw. sich in einer Längentoleranz (ermittelt vom längsten zum kürzesten Zahn) von 0,5 Millimeter (s. Abb. 70) befinden. Sollte die Längendifferenz diesen Grenzwert überschreiten, werden die kürzeren Zähne zu „Schläfern", die nicht mehr aktiv mitschneiden. Häufen sich diese„Schläfer", kann die Schnittleistung der Sägenkette merklich nachlassen.

Achten Sie bitte darauf, dass Sie die Feile von Anfang bis Ende gerade am Zahndach vorbeiführen. Nicht selten erlebe ich bei meinen Teilnehmern, dass diese zum Ende hin die Feile leicht bogenförmig führen. Das Ergebnis ist eine „runde" Dachschneide (s. Abb. 71) mit vielen verschiedenen Schärfwinkeln. Gefordert aber ist eine gerade Schneidekante im Winkel von 30 ^{0} Grad.

Profitipp: Ganz wichtig ist, dass Sie die Feile während der Vorwärtsbewegung so halten, das ca. 1/5 des Feilendurchmessers über das Zahndach oben übersteht. Das bedeutet, dass eine 4,8 mm Rundfeile bei korrekter Feilenführung ca. 1mm über das Zahndach (s. Abb. 72) hinausgeführt wird.

(Fortsetzung S. 44)

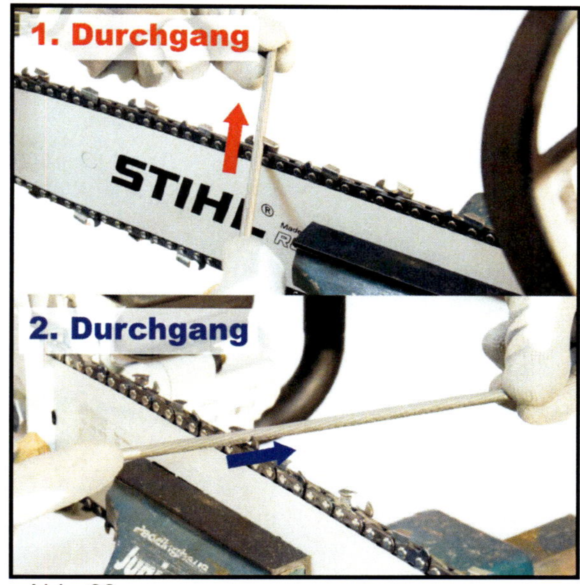

Abb. 69

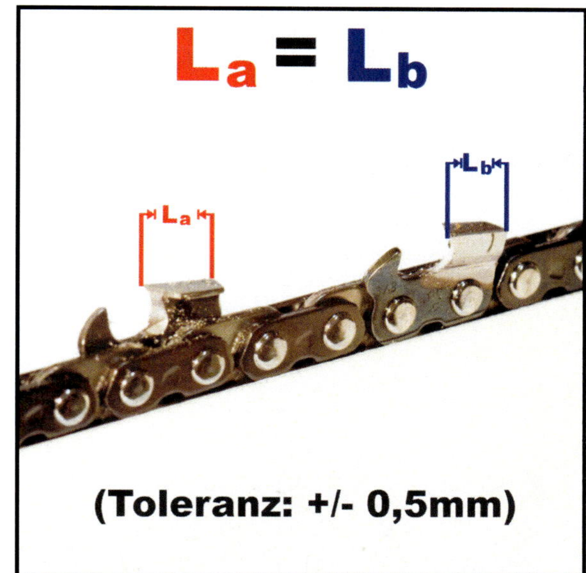

Abb. 70

Abb. 71

Abb. 72

Feilenhaltung

Um das zu erreichen kann es hilfreich sein, die Feile während der Vorwärtsbewegung leicht anzuheben und mit leichtem Druck gegen die Schneidekante zu führen. Weiterhin führen Sie bitte unbedingt die Feile waagerecht durch den Zahn. Der zwischen Feile und Führungsschiene eingeschlossene Winkel sollte 90 ^{0} Grad betragen.

In der Literatur finden sich Angaben über eine 10 ^{0} Grad Neigung der Feile nach oben oder unten. Erfahrungsgemäß kann aber kaum jemand diese Neigung korrekt einhalten. Hingegen ist es für die meisten Anwender aber ein Leichtes, eine waagerechte Feilenhaltung einzunehmen. Und anders als bei einer geneigten Feile führt der waagerechte Feilstrich zu einem sehr exakten Brustwinkel.

Fassen wir noch einmal zusammen:

1. Sie wählen bitte einen für die Kettenteilung geeigneten Feilendurchmesser aus.

2. Sie führen die Feile im Vorwärtsstrich waagerecht durch den Zahn.

3. Sie halten die Feile 1/5 des Feilendurchmessers über das Zahndach hinaus.

4. Sie üben leichten Anpressdruck auf die Feile aus.

5. Sie heben die Feile leicht während der Vorwärtsbewegung an.

6. Im Rückwärtsstrich wird die Feile nicht am Zahn entlanggeführt.

Profitipp: Markieren Sie sich zu Beginn der Übungsphase einen oder mehrere Zähne bzw. deren Schneidefläche mit einem roten, permanenten Marker (s. Abb. 73). Nach zwei bis drei Feilstrichen kontrollieren Sie dann den Materialabtrag.

Ist die Farbe im Zahndach noch zu erkennen (s. Abb. 74) bzw. fehlt die rote Markierung im unteren Bereich, drücken Sie vermutlich zu stark auf die Feile. Die Folge wird ein „unterfeilter" Brustwinkel sein, der sehr starken Schneidwiderstand aufbaut und dessen Standzeit eher gering ausfällt. Außerdem kann sich dadurch das Rückschlagsverhalten der Säge verstärken.

Erkennen Sie die rote Markierung noch im Zahngrund (s. Abb. 75) bzw. ist die Dachschneide bereits ohne Farbe, verwenden Sie entweder eine zu dicke Feile oder führen die Feile zu weit über das Zahndach hinaus. In der Folge wird es durch den „rückhängenden" Brustwinkel und den zu stumpfen Dachwinkel zu einer geringeren Schnittleistung kommen.

Stellen Sie jedoch einen gleichmäßigen Farbabtrag (s. Abb. 76) fest, so sind Sie auf dem richtigen Weg. Wenn jetzt auch noch der Schärf- und der Brustwinkel fachgerecht herausgearbeitet werden (s. Seite 34), sollte das Ergebnis Ihrer Arbeit eine gut geschärfte Kette sein.

Profitipp: Um einen sauberen Schliff zu erreichen, empfehle ich meinen Kursteilnehmern, die ersten 3 bis 4 Feilstriche mit Kraft und gesteigertem Materialabtrag (Instandsetzungsschliff!) durchzuführen. Die letzten 1 bis 2 Feilstriche werden dann sehr präzise und mit geringem Feilendruck (Feinschliff!) ausgeführt.

Abb. 73

Abb. 74

Abb. 75

Abb. 76

Schneidezahn schärfen

Für welches Hilfsmittel Sie sich entscheiden beziehungsweise welche Arbeitsmethode Sie wählen, bleibt natürlich Ihrer Entscheidung überlassen. Grundsätzlich müssen aber nach der erfolgten Schärfung folgende Parameter vorhanden sein:

1. Der Schärfwinkel ist genau eingehalten.
2. Der Brustwinkel passt zur Zahnform.
3. Der Dachwinkel ist korrekt eingehalten.
4. Ganz wichtig: Der Zahn ist auch scharf.

Genau genommen sind diese vier Punkte der sprichwörtliche "Stein der Weisen" bei der Kettenschärfung. Daher möchte ich Ihnen hier noch einmal Expertenwissen ermöglichen.

Schärfwinkel

Auf einigen Ketten befinden sich sogenannte Servicemarkierungen. Diese Markierungen auf dem Zahndach, der Brustschneide und dem Zahnchassis sind zum Schärfen eher weniger geeignet. Die Markierungen sind zu kurz, um die Feile im Vorwärtsstrich daran auszurichten. Daher möchte ich nochmals auf das Schärfgitter als ideale Schärfhilfe (s. Abb. 77) verweisen. Führen Sie die Feile also im für die Kette angegebenen Schärfwinkel (alternativ 30^0 Grad) mit leichtem Gegendruck am Zahn vorbei. Achten Sie dabei auf einen geraden Feilstrich. Zählen Sie die Feilstriche und variieren Sie die Anzahl je nach zu schärfender Zahnseite. Markieren Sie sich bei den ersten Feilversuchen die Zahnfläche mit einem Stift. Warten Sie nicht, bis die Kette absolut stumpf ist.

Profitipp: Öfter schärfen, weniger Material abtragen! Weist die Brustschneide nach vielen Schärfvorgängen eine Länge von 4mm auf, sollte die Kette gewechselt werden.

Brustwinkel

Hier achten Sie bitte auf zwei wichtige Dinge. Wählen Sie die passende Feilenstärke (s. Tabelle auf S.39) aus und überprüfen Sie Ihre Auswahl durch einfaches Einlegen der Feile in den Zahngrund. Führen Sie die Feile waagerecht am Zahn (s. Abb. 78) vorbei. Ein leichtes Anheben der Feile am Feilengriff führt schon zu einem verstärkten Materialabtrag im unteren Brustwinkelbereich und der Brustwinkel bekommt einen Vorwärtshang. Vermeiden Sie unbedingt einen nicht ordnungsgemäß ausgeführten Brustwinkel. Als Kontrolle kann auch hier die Servicemarkierung auf der Brustschneide (s. Abb. 78) dienen.

Profitipp: Führen Sie die Feile im Vorwärtsstrich immer mit leichtem Druck nach oben am Zahndach vorbei.

Dachwinkel

Der Dachwinkel ist genau genommen der wichtigste Winkel am Schneidezahn. Werden jedoch Schärfwinkel, Feilenhaltung und Feilenauswahl richtig ausgeführt, ergibt sich der korrekte Dachwinkel als Folge daraus.

Schärfe kontrollieren

Überprüfen Sie, ob der Zahn auch wirklich scharf ist. Stellen Sie auf der Schneidkante einen Lichtreflex fest (Spiegeleffekt, typisch für einen "holzstumpfen" Zahn, s. Abb. 79), so ist der Zahn nicht scharf. Erst wenn kein Spiegeleffekt mehr auftritt (s. Abb. 80, gleicher Zahn nach Schärfung), kann man von einem gut geschärften Zahn ausgehen. Der dabei entstehende Grat (s. Abb. 80) bestätigt die Schärfe.

Profitipp: Kontrollieren Sie die Schärfe optisch am besten draußen bei Tageslicht.

Abb. 77

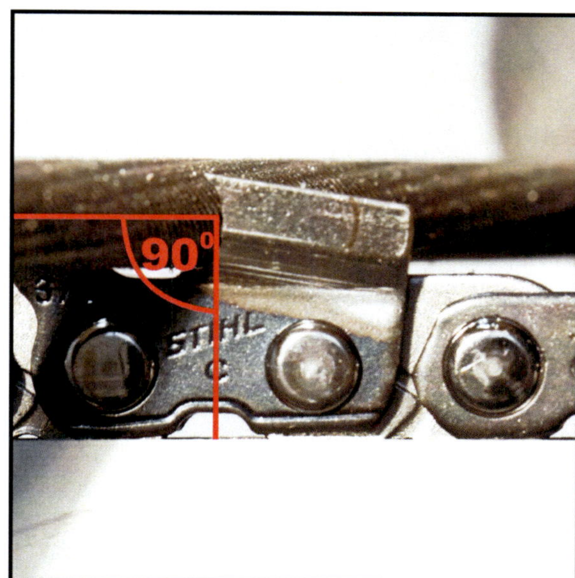

Abb. 78

Abb. 79

Abb. 80

Tiefenbegrenzer einstellen

Eine mindestens ebenso wichtige Arbeit wie das Schärfen ist die Korrektur des Tiefenbegrenzers. Denn selbst ein optimal geschärfter Schneidezahn ist wertlos, wenn der Tiefenbegrenzer nicht richtig eingestellt ist.

Ein zu geringer Tiefenbegrenzerabstand (>0,65mm) verringert die Schnittleistung.

Ein zu großer Tiefenbegrenzerabstand führt zu aggressivem Schneideverhalten, erhöht die Rückschlagsgefahr beim Schneiden mit der Schienenspitze und überlastet die Schneidegarnitur und den Antriebsstrang.

Überprüfen Sie daher nach jeder Schärfung die korrekte Höhendifferenz (fachlich: Tiefenbegrenzer-abstand) zwischen der Tiefenbegrenzerspitze und der Zahnspitze. Dieser soll 0,65mm betragen und wird zweckmäßigerweise mit einer entsprechenden Lehre überprüft. Ideal eignet sich dafür das HUSQVARNA Rollenfeilgerät bzw. die STIHL-Kombilehre (s. Abb. 81).

Die beiden Lehren werden auf den Zahn (s. Abb.82 + 83) aufgelegt. Ragt der Tiefenbegrenzer über die Lehre hinaus, muss die Spitze mit einer Flachfeile entsprechend zurückgefeilt werden. Führen Sie dabei die Feile in die gleiche Richtung, die Sie auch bei der Zahnschärfung (von innen nach außen!) gewählt haben. Da der Tiefenbegrenzer leicht zur Seite gebogen ist, ergibt sich ein glatter Feilstrich nur, wenn man in die verschränkte Biegerichtung feilt.

Auf die HUSQVARNA-Feilenlehre kann die Feile problemlos aufgelegt werden. Ist der Tiefenbegrenzer bündig abgefeilt, wechselt man zum nächsten Zahn der gleichen Zahnreihe. Die Einstellung HARD wählt man dabei für den Schnitt in Laub- bzw. Hartholz. Wird überwiegend Weichholz gesägt, wählt man die Einstellung SOFT. Hierbei wird der Tiefenbegrenzerabstand etwas größer (ca. 0,8mm) eingestellt.

Bei der Verwendung der STIHL-Lehre wird ebenfalls der überstehende Tiefenbegrenzer abgefeilt. Da hierbei aber die Feile waagerecht geführt (s. Abb. 83) wird, muss nach der richtigen Höheneinstellung noch die Tiefenbegrenzerform wieder entsprechend der originalen Form hergestellt werden. Dazu hält man die Feile ca. 15^0-20^0 Grad schräg (s. Abb. 84) und feilt erneut 1 bis 2 Feilstriche über die entstandene vordere Kante. Achten Sie darauf, dass dabei aber der eigentliche Tiefenbegrenzerabstand nicht versehentlich niedriger gefeilt wird.

Welche Lehre Sie verwenden, bleibt selbstverständlich Ihnen überlassen. Das Ergebnis aber sollte ein korrekt eingestellter, formgerechter Tiefenbegrenzer (s. Abb. 85) sein. Vermeiden Sie auf jeden Fall eine waagerechte Gleitfläche des Tiefenbegrenzers.

Profitipp: Vorsicht beim Einsatz von nicht-feilenharten Feillehren. Im Laufe der Zeit werden diese durch die Feilestriche tiefer eingestellt. Die Folge ist ein zu großer Tiefenbegrenzerabstand mit den genannten Problemen. Vor einem freihändigen Feilen wird an dieser Stelle ausdrücklich abgeraten, das Risiko einer falschen Instandsetzung ist sehr hoch. Auch beim Tiefenbegrenzer gilt: Feile in Längsrichtung waagerecht führen!

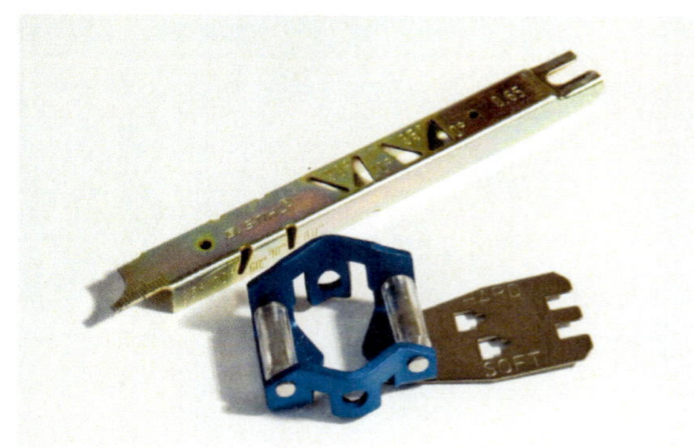

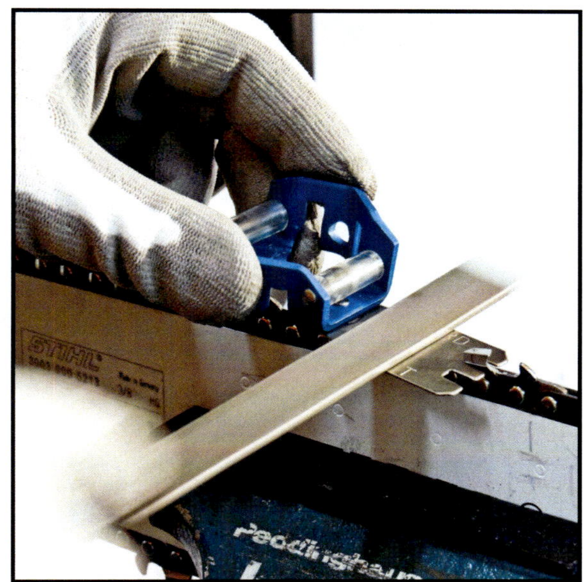

Abb. 82

Abb. 83

Abb. 84

Abb. 85

Typische Schadensbilder und deren Ursache

Beschädigte Hartchromschicht!

Ursache: Kontakt mit Steinen o.ä.
Schadensgrad: irreversibel, quasi Totalschaden
Auswirkung: Kette "hält" die Schärfe nicht!
Abhilfe: Zurückfeilen bis zur unbeschädigten Zone! Bei Zahnlänge > 4mm Kette aussortieren

Sehr stumpfer Zahn

Ursache: Schneiden von verschmutztem, sandigem Holz
Schadensgrad: reversibel
Auswirkung: Geringe Schnittleistung, unergonomisches, anstrengendes Arbeiten, erhöhter Verschleiß
Abhilfe: Öfters schärfen, wenig Material abtragen!

Abgenutzter Schneidezahn!

Ursache: Normale Abnutzung!
Schadensgrad: irreversibel
Auswirkung: Bei 4mm Zahnflanke sollte man die Kette austauschen. Bei weiterer Nutzung können Zähne abreißen.
Abhilfe: Kette auswechseln

Zahnchassis unterfeilt

Ursache: zu hoher Druck auf die Feile, zu dicke Feile
Schadensgrad: irreversibel
Auswirkung: Gefahr von Kettenbruch!
Abhilfe: richtigen Feilendurchmesser verwenden, Feilhilfe einsetzen, Feile nach oben leicht anheben

Zu spitzer Schärfwinkel

Ursache:	fehlerhafte Feilenführung
Schadensgrad:	reversibel
Auswirkung:	aggressiver, hakeliger Schnitt, geringe Standzeit, evtl. Kettenbruch
Abhilfe:	Feilhilfe verwenden, Schärfwinkel einhalten!

Zu stumpfer Schärfwinkel

Ursache:	fehlerhafte Feilenführung
Schadensgrad:	reversibel
Auswirkung:	geringe Schnittleistung, hoher Anpressdruck nötig, dadurch unkontrolliertes Arbeiten
Abhilfe:	Feilhilfe verwenden, Schärfwinkel einhalten!

Vorhängender Brustwinkel

Ursache:	fehlerhafte Feilenführung, zu geringer Feilendurchmesser.
Schadensgrad:	reversibel
Auswirkung:	Kette schneidet hakelig, geringe Standzeit, erhöhte Rückschlag- und Bruchgefahr
Abhilfe:	Feilhilfe verwenden, Feile höher ansetzen, größeren Feilendurchmesser wählen

Rückhängender Brustwinkel

Ursache:	fehlerhafte Feilenführung, zu dicke Feile
Schadensgrad:	reversibel
Auswirkung:	Schnittleistung gering, hoher Anpressdruck und Kraftbedarf, hoher Verschleiß
Abhilfe:	Feilhilfe verwenden, Feile tiefer führen, kleineren Feilendurchmesser wählen

Tiefenbegrenzerabstand zu gering

Ursache:	keine Überprüfung des Tiefenbegrenzers
Schadensgrad:	reversibel
Auswirkung:	Geringe Schnittleistung trotz scharfer Kette, hohe Materialbelastung, hoher Kraftaufwand.
Abhilfe:	Tiefenbegrenzer mit Lehre einstellen.

Tiefenbegrenzerabstand zu groß

Ursache:	Fehlerhafte (freihändige?) Einstellung.
Schadensgrad:	irreversibel, Kette wird unbrauchbar
Auswirkung:	Kette schneidet hakelig, erhöhte Rückschlag- und Bruchgefahr, hohe Materialbelastung.
Abhilfe:	Kette erneuern bzw. wenn möglich, Zähne zurückfeilen

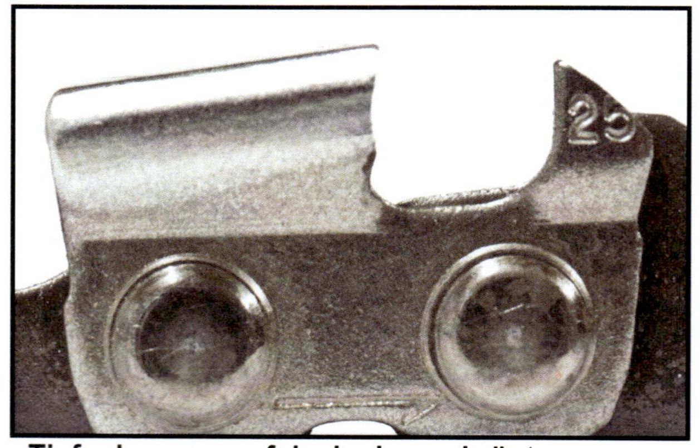

Tiefenbegrenzer falsch abgeschrägt

Ursache:	Neigungswinkel zu steil gefeilt
Schadensgrad:	teilweise irreversibel
Auswirkung:	Tiefenbegrenzer "schneidet" sich ins Holz. s. Tiefenbegrenzer zu tief
Abhilfe:	neue Form herausfeilen und Schneidezähne zurückfeilen bis Höhendifferenz wieder stimmt

Tiefenbegrenzer falsch abgeschrägt

Ursache:	Feilenhaltung nicht waagerecht
Schadensgrad:	bedingt reversibel
Auswirkung:	Tiefenbegrenzer "schneidet" sich ins Holz, s. Tiefenbegrenzer zu tief
Abhilfe:	Flachfeile waagerecht zum Tiefenbegrenzer führen

Ungleiche Zahnlänge!

Ursache:	unpräzise Schärfung, einseitige Beschädigung
Schadensgrad:	reversibel
Auswirkung:	Kette "verläuft" im Schnitt
Abhilfe:	auf gleiche Zahnlänge zurückfeilen, Anzahl der Feilstriche je nach Seite variieren, Grundinstandsetzung vornehmen

Unterschiedliche Schärfwinkel

Ursache:	unpräzise Schärfung
Schadensgrad:	reversibel
Auswirkung:	Kette "kippt" auf der Führungsschiene, einseitige Abnutzung von Schiene und Zahnchassis,
Abhilfe:	Grundinstandsetzung vornehmen

Schärfen in Wald und Werkstatt

Immer wieder berichten mir Teilnehmer, dass sie an einem Arbeitstag mit mehreren Ketten in den Wald gehen. Ist die eine stumpf, wechselt man diese gegen eine scharfe Kette aus. Sind alle Ketten stumpf, so berichten die Lehrgangsteilnehmer weiter, wird die Arbeit beendet. Im Prinzip kann es nur von Vorteil sein, wenn man auf diese Weise eine Schneidgarnitur (1 Ritzel + 1 Führungsschiene und 2 bis 3 Ketten) gleichmäßig (ab-) nutzt. Allerdings stelle ich häufig fest, dass es meinen Lehrgangsteilnehmer gar nicht bewusst ist, dass man die Kette auch während der Waldarbeit mit einfachen Hilfsmitteln wieder scharf bekommt. Daher möchte ich meinen Lesern noch ein paar Tipps für das Schärfen in Wald und Werkstatt mit auf den Weg geben.

Der grundlegende Unterschied zwischen der Schärfung in der eigenen Werkstatt und der Waldschärfung besteht darin, dass wir bei der Schärfung in der Werkstatt die Kette von Grund auf instand setzen. Die in Internetforen häufig geäußerte Meinung, dass man nach ein paar Handschärfungen die Kette zur Grundinstandsetzung zum Händler geben sollte, teile ich dabei ausdrücklich nicht. Kein Profi gibt, bei einem Schärfpreis von ca. 5,- Euro, seine Kette zu einem Händler. Und mit ein bisschen Übung können auch Sie bald sehr wohl selbst auf die korrekte Einhaltung der Zahnlänge, aller Winkel sowie auf Tiefenbegrenzerabstand und –form achten bzw. diese wiederherstellen. In der Werkstatt kann mittels Feile, Feilhilfe, Reinigungsmittel und Schieblehre eben sehr präzise gearbeitet werden.

Bei der Waldschärfung hingegen ist es das Ziel, die Kette mit möglichst geringem Aufwand wieder scharf zu bekommen. Dabei müssen wenige Feilstriche reichen. Die in diesem Buch beschriebenen Feilhilfen sind dabei sowohl für die Werkstatt- als auch für die Waldschärfung gut zu gebrauchen.

Aber anders als in der eigenen Werkstatt wird man im Wald weder die Zahnlänge mit der Schieblehre kontrollieren und auch nicht den Tiefenbegrenzer einstellen. Dies ist auch nicht unbedingt erforderlich, da, wie bereits erwähnt, eine Zahnlängendifferenz von +/- 0,5mm akzeptabel ist. Gleiches gilt für den Tiefenbegrenzer. Wird am Tag zwei bis dreimal die Kette mit jeweils 3-4 Feilstrichen nachgeschärft, wird eine Einstellung des Tiefenbegrenzers nicht unbedingt notwendig sein. Vorausgesetzt, dass dieser bei der Arbeitsaufnahme korrekt eingestellt war.

Dass die Profis im Wald Abstriche bei der Arbeitsqualität hinnehmen, liegt meistens an der improvisierten Befestigung der Motorsäge während des Schärfens. Während in der Werkstatt ein Schraubstock die Maschine optimal und fest positioniert und es am Werkzeug meist nicht mangelt, sieht es im Wald dann schon gleich anders aus. Nicht selten werden außer dem Kombischlüssel und einer Feile keine weiteren Werkzeuge mitgeführt. Die Säge wird dann auf einem Stamm knieend zwischen den Beinen gehalten und dann mehr oder weniger unpräzise geschärft.

Etwas einfacher hat es da schon derjenige, der über ein Feilböckchen (Kaufpreis ca. 18,- Euro, s. Abb. 100) verfügt. Dieser wird in einen Wurzelstock oder einen liegenden Baumstamm eingeschlagen und hält die Säge während des Schärfvorganges fest.

Abb. 100

Es geht aber auch anders! Denn Sie haben mehrere Möglichkeiten, sich zu Arbeitsbeginn im stehenden wie auch im liegenden Holz durch ein paar Schnitte einen praktischen Schärfbock nur mit Hilfe des Kombischlüssels selbst herzustellen.

Gehören Sie noch zu denjenigen, die Ihr Holz selber fällen (dürfen), so fällen Sie zu Beginn der Arbeit einen ca. 15-18 cm durchmessenden Baum, in etwa einen Meter über dem Boden. In den verbleibenden Baumstumpf sägen Sie anschließend längs zur Faser einen ca. 15 cm langen (od. 1/5 fache Schwertbreite) Schnitt. Sägen Sie anschließend eine „Stufe" so aus dem Stamm heraus, dass der Motorblock der Säge auf dem horizontalen Schnitt (s. Abb. 101) gut aufliegt. Das Schwert sollte nun ca. 2 cm über dem Stammende überstehen. Klemmen Sie die Säge anschließend mit dem Kombischlüssel so fest (s. Abb. 102), dass die Kette sich noch vorschieben (s. Abb. 103) lässt. Fertig! Mit wenigen Schritten können Sie so einen stabilen, praktischen Hilfsschraubstock in bequemer Arbeitshöhe erstellen.

Ähnlich wie oben beschrieben lässt sich auch am liegenden Polterholz (s. Abb. 104) eine stabile Befestigung für die Säge herstellen.

Abb. 102

Abb. 103

Abb. 101

Abb. 104

Schärfen mit dem Elektroschärfgerät

Sicher ist Ihnen schon aufgefallen, dass ich selbst kein großer Freund der Elektroschärfgeräte bin. Dennoch möchte ich Sie als Leser dieses Buches wie auch die Teilnehmer meiner Seminare objektiv informieren. Und auch wenn mir kaum ein Profi bekannt ist, der seine Motorsägenkette regelmäßig mit einem solchen Gerät schärft, gehört dieses Kapitel der Vollständigkeit halber in diesen Praxisbildband.

Neben all den Nachteilen, die ein solches Elektroschärfgerät mit sich bringt (hohe Anschaffungskosten, nur stationär einsetzbar, bei unzureichender Einweisung besteht ein großes Fehlerpotenzial, aufwändiges Demontieren der Kette nötig, usw.) gibt es aber auch gute Gründe für ein solches Gerät. Der Hauptgrund ist wohl die präzise Ausformung aller Winkel und Zahnlängen, die, eine fachgerechte Anwendung vorausgesetzt, das Gerät mit sich bringt. Werden die Einstellungen am Gerät und die Abrichtung der Schleifscheibe auf den jeweiligen Kettentyp angepasst, so ist ein sehr präzises Schärfen möglich.

Grundvorausetzung ist aber, das der Maschinist über umfangreiche Kenntnisse der Instandsetzungsarbeiten an der Schneidgarnitur verfügt. Die Vorteile des Elektroschärfgerätes sind nutzlos, wenn die geschärfte Kette auf einer schlecht gewarteten Führungsschiene montiert wird. Oder noch gravierender, wenn Kenntnisse über die Zahngeometrie nur als Halbwissen vorhanden sind. Basiswissen, wie es dieses Buch ermöglicht, ist also auch beim maschinellen Kettenschärfen dringend erforderlich.

Bei den Recherchen zu diesem Buch musste ich feststellen, dass der Preis für eine Kettenschärfung im Fachhandel zwischen 3,- € und 8,-€ liegt. Meine Teilnehmer gaben an, dass sie die Kette zum Schärfen ca. 5- bis 6-mal weggeben. Spätestens dann sei die Kette abgenutzt.

Setzen wir also einen Kaufpreis von 15,- € im Durchschnitt pro Kette voraus, bezahlen Sie nun nochmals bei ca. 5,- € pro Schärfung insgesamt 30,- € für die Instandsetzung. Ob es also für Sie ein gutes Geschäft ist, möchte ich an dieser Stelle bezweifeln, vor allem, wenn man bedenkt, dass die Kette auch relativ schnell wieder ersetzt werden muss. Und vielleicht kann der ein oder andere Leser jetzt auch meinen Vorbehalt nachvollziehen.

Doch zurück zur Technik! Lesen Sie unbedingt vor der Inbetriebnahme die Bedienungsanweisung. Leider ist diese bei den preiswerten Geräten weniger aufschlussreich als z.B. bei einem STIHL-USG Elektroschärfgerät. Die Einstellmöglichkeiten je nach Zahnform sollten in der Bedienungsanweisung, möglichst auch durch Bilder, erläutert werden. Bitte haben Sie Verständnis dafür, dass dieses Buch nicht auf die Einstellung aller Elektroschärfgeräte eingehen kann, denn das würde die Kosten und den Umfang des Buches deutlich übersteigen. Hier nun einige Hinweise, die im Allgemeinen bei der Arbeit mit Elektroschärfgeräten berücksichtigt werden sollten.

1. Stellen Sie vor der Arbeit die für die jeweilige Zahnform notwendigen Winkel (s. Seite 34/35) korrekt am Gerät ein.

2. Überprüfen Sie Zustand und Form der Schleifscheibe. Am besten benutzen Sie (s. Abb. 105) hierzu die, hoffentlich, mitgelieferte Schleifscheibenlehre. Stellen Sie bei Bedarf mit einem Abrichtstein die erforderliche Form (s. Abb. 106) her und überprüfen Sie diese ggf. auch durch eine „Trockenübung“, das heißt bei nicht laufender Scheibe, an der zu schärfenden Kette.

3. Sind alle Winkel justiert und die Schleifscheibe abgerichtet, muss zunächst der *Masterzahn* (s. Seite 36/37) mit der Schieblehre ermittelt werden! Stellen Sie den Zahnlängenanschlag auf den kürzesten Schneidezahn ein. Wenn Sie eine Zahnlängendifferenz von mehr als 0,5 mm feststellen, sollten Sie in zwei oder mehr Schärfvorgängen bzw. Schleifdurchgängen die Kette bearbeiten.

4. Vermeiden Sie dabei unbedingt intensive Schleifvorgänge mit starker Funkenbildung (s. Abb. 107). Idealerweise sollte nur ein geringer Funkenflug (s. Abb. 108) festzustellen sein. Bewegen Sie die Schleifvorrichtung pulsierend gegen den Zahn, d.h. führen Sie viele kurze Schleifkontakte mit ebenso vielen kurzen Pausen pro Zahn aus. Dadurch verhindern Sie eine zu starke Hitzeentwicklung und ein „anbläuen" des Schneidezahnes.

5. Tragen Sie bei der Schleifarbeit geeignete Handschuhe und eine Schutzbrille!

Abb. 106

Abb. 107

Abb. 105

Abb. 108

Informationsquellen im Internet

www.motorsaegenkette-schaerfen.de
www.dolmar.de
www.grube-shop.de
www.husqvarna.de
www.interforst.at
www.kox-direct.de
www.oregonchain.de
www.rueggeberg.com
www.solo-germany.com
www.stihl.de
www.vallorbe.com
www.waldarbeit-und-forsttechnik.de
www.waldwissen.net

Für die Inhalte der hier genannten Seiten ist stets der jeweilige Betreiber der Seiten verantwortlich. Die Internetseiten wurden zum Zeitpunkt der Recherche auf mögliche Rechtsverstöße überprüft. Rechtswidrige Inhalte waren zu diesem Zeitpunkt nicht erkennbar.

Der Autor

Marco Reetz, Jahrgang 1967. Wie vermutlich viele andere auch, fuhr der Autor schon im Kindesalter mit Papa zum Brennholzmachen in den Wald. Die Faszination und das Interesse für den Wald sollten zur Berufung werden. Nach der Ausbildung zum Forstwirt folgte die Meisterprüfung. Einige Jahre später dann noch eine Ausbildung zum Lehrer an Berufsbildenden Schulen. Seit 1997 ist der Autor unter anderem als Lehrgangsleiter für Motorsägenkurse an einem Forstlichen Bildungszentrum tätig. In dieser Zeit reifte der Gedanke zu diesem Buch.

"...In Zeiten hoher Energiepreise und steigender Verkaufszahlen für Motorsägen ist es meiner Meinung nach von größter Bedeutung, den Leuten umfassende Lernmöglichkeiten für die fachgerechte Instandsetzung der Schneidegarnitur mit auf den Weg zu geben. Denn eine der Hauptgrundlagen für sicheres und ergonomisches Arbeiten ist die gut gewartete Schneidegarnitur!"